JN171246
ふしぎな世界を見てみよう
深海生物大図鑑
監修 藤原義弘
JAMSTEC
（海洋研究開発機構）
絵 寺西晃
高橋書店

世にもふしぎな深海の生きものたち

青い空、青い海、太陽の光を受けてキラキラとかがやく波。そんな浜辺から海に入り、もぐっていくと、海はどんどん暗く冷たくなっていく。

水深 200m をこえると、そこはもう深海。太陽の光は、海面の 1000 分の 1 しかとどかない。そして 1000m をこえると、あたりは完全な漆黒の闇に包まれる。でも、それは深海の入り口にすぎない。なぜなら深海のいちばん深いところは、その 10 倍もの深さなのだ。

あまりに暗く、冷たく、過酷な世界ゆえに、深海は「宇宙よりなぞに満ちた場所」といわれてきた。かつては、生物は存在しないとさえ考えられていた。ところが調査が進むうちに、じつは深海にはおどろくほどふしぎな生物がいることがわかってきた……。

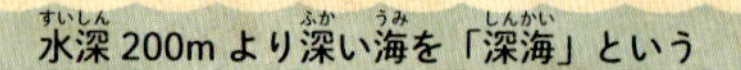

水深200mより深い海を「深海」という

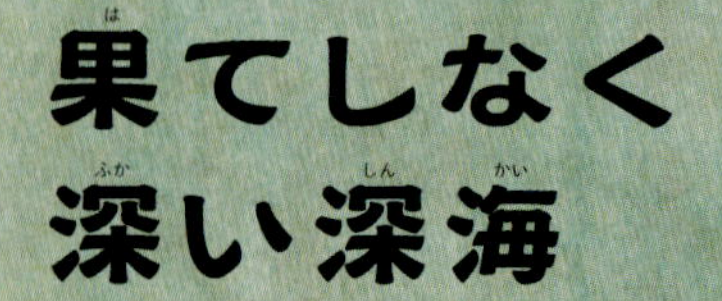

果てしなく深い深海

世界一高い山「エベレスト」
8848 m

東京スカイツリー634m

クフ王の
ピラミッド
139m

自由の
女神像
93m

もしも世界が海の底にしずんだら……

地球でいちばん深い場所は、グアム島の南にあるマリアナ海溝チャレンジャー海淵だ。その深さ、なんと10916ｍ！　東京スカイツリーを17こ重ねたほどの深さだ。地上でいうと、飛行機が飛ぶほどの高さになる。

ちなみにこのマリアナ海溝はとても広く、北のはしは日本の小笠原諸島の近くまでのびている。じつは、私たちにとって意外と身近な場所なのだ。

世界中の海の深さを平均すると、3800m。富士山の高さとほぼ同じだ！

日本一高い山「富士山」3776ｍ

地球は「深海の惑星」だ

地球はゆたかな水をたたえた「水の惑星」とよばれているが、同時に「深海の惑星」ともいえる。

地球の表面積の70％は海。その海の表面積の92％は、水深が200mより深い深海だ。つまり、地球の海は、ほとんどが深海なのだ。

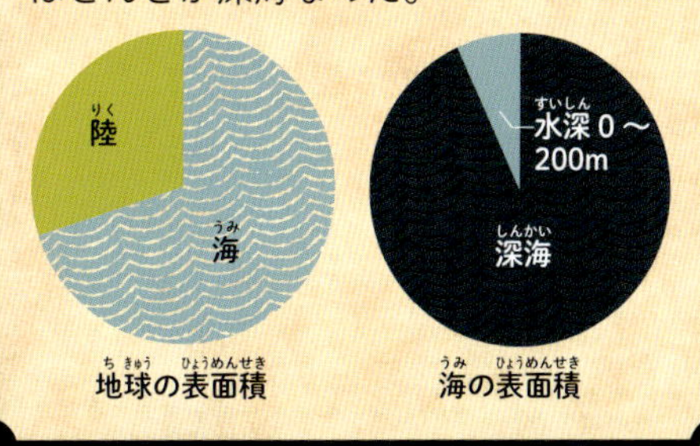

暗く冷たい極限世界

おそろしい「水圧」

深海調査には、たくさんの困難が立ちはだかる。そのひとつが、深海のとてつもない「水圧」。かんたんにいうと、水の重さのことだ。

たとえば、頭の上に水の入ったバケツをのせるとしよう。この時点ですでに7kg以上あるが、深海のもっとも深いところでは、このバケツ5万こぶんの重さが、体にのしかかるのだ。

さらに、水圧は上下左右すべての方向からかかる。私たちの体のように、中に空気が入っているものは、一瞬でぺしゃんこにつぶれてしまう。そのため、深海に行くにはとてもがんじょうな船が必要なのだ。

深海の水圧で空気がぬけ、小さくちぢんだ発泡スチロール製のカップめんの容器

暗黒が支配する

太陽の光は、深くなるにつれて弱くなる。水深200mあたりでは海面の1000分の1になり、水深1000m付近では100兆分の1になる。そして、それをこえると、ほとんどの生物は太陽光を感じられなくなる。

また、深海は冷たい。水は、冷たいと重くなり、あたたかいと軽くなる。そのため、地球でいちばん冷たい北極と南極の海水が、深海までどんどんしずんでいき、世界中の海の底に流れている。1000mより深い海の水は2～4℃ととても冷たく、もっと冷たい場所さえあるのだ。

おどろくべき能力をもつ深海の生きもの

深海生物たちは、
きびしい環境に合わせた、すごい能力をもっている。

超高圧でも動ける

深海には、ふしぎな体の生きものがたくさんいる。まるでコンニャクのようにやわらかい魚や、体の中が油でいっぱいに満たされたエビなどだ。ものすごい水圧にさらされる深海では、体の中に空気があると押しつぶされてしまう。そのため、空気の入った浮き袋がなくても泳げるなど、特しゅな体のつくりになっている。

カイコウオオソコエビ（164ページ）

ヒメコンニャクウオ（114ページ）

ナガヅエエソ（44ページ）

ヤムシ（32ページ）

最強のセンサー！

赤外線センサーでえものを探したり、水の振動で敵の存在を感じたり、暗黒の深海で生きのびるためのさまざまな能力をもつ。

スケーリーフット（162ページ）

ムラサキヌタウナギ（78ページ）

ヨロイザメ（74ページ）

とくしゅな防御

鉄のうろこをもつ貝や皮ふがザラザラなサメ、ねばねばを出すウナギのような生きものなど、身の守り方もいろいろだ。

深海のなぞに挑戦した人々

紀元前4世紀 2000年以上前	アリストテレスが潜水するかねのアイデアを出し、アレクサンダー大王がガラスのたるで潜水したと伝えられている
18世紀 1701年-1800年	アメリカのデビット・ブシュネルが足こぎ潜水艦「タートル号」を開発。イギリスの戦艦を攻撃するため潜水するが、失敗
19世紀 1843年	イギリスのエドワード・フォーブスが、深海に生物は存在しないという説を発表するも、その後次々と深海生物が見つかる
20世紀 1875年	イギリスの「チャレンジャー号」が世界一深いマリアナ海溝の深さを測る
20世紀 1929年	日本の西村一松によって自動式潜水船「西村式豆潜水艇」が完成

2000年以上前からの夢

深い海の中を見たいという夢は、大昔からあった。始まりは、いまから2000年以上も前。ギリシャの哲学者アリストテレスは大きなかねの中に人を入れ、地上から管を通じて空気を送りこみ海にもぐるというアイデアを出した。その弟子でありマケドニア王だったアレクサンダー大王は、ガラスでつくったたるに入って水中にもぐったという。深海調査の記録は、人類の挑戦の歴史なのだ。

20世紀 1934年

アメリカの
ウィリアム・ビービが
「バチスフェア」
という鉄の球で
925mまでもぐる

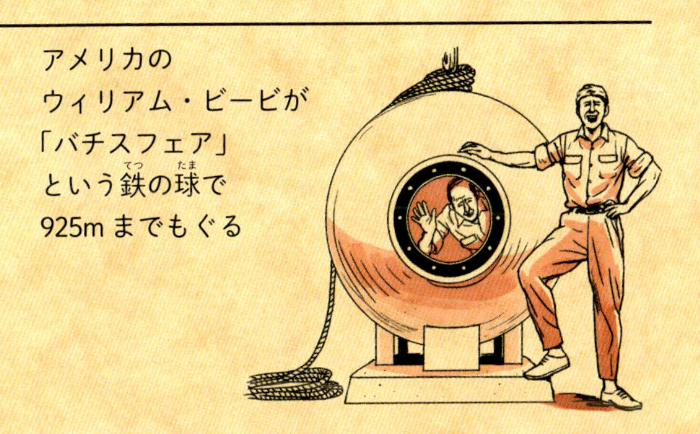

20世紀 1960年

アメリカの「トリエステ号」が10916mの潜水に成功。人類が初めて世界最深部に到達した

20世紀 1977年

アメリカの「アルビン号」がガラパゴス諸島沖の熱水のふき出す場所で、多数の生物を発見

20世紀 1984年－1989年

フランスやロシアに続き、日本では「しんかい6500」が完成

それから……

近年、科学の進歩によって深海の研究はひやくてきに進んだ。そして、まさにいまも、その進歩は続いている。次の一歩をふみだすのは、君かもしれない。

もくじ

協力 海洋研究開発機構 (JAMSTEC)
編集 澤田憲
執筆 野見山ふみこ
アートディレクション 辻中浩一
本文デザイン 辻中浩一・内藤万起子・上里恵美(ウフ)
校正 新山耕作

この本の見方

なかま分け

どの生物のなかまなのかを表しています。

生息地

生物がすんでいるおおよその海域です。じっさいに目撃・採集されたデータがある場所は赤くしめしています。

ぞくせい

深海生物のとくちょうを大きく8つに分けてしめしています。レア度の高い生物もわかります。

アイコンの種類

- ハンター　えものを求めて狩りに行く
- まちぶせ　海底でえものや食べ物をまつ
- わな　えものをおびきよせる
- 共生　ほかの生物を利用して栄養をとる
- とうめい　体がとうめい
- 発光　体の一部が光る
- 強い体　体のつくりがじょうぶ
- センサー　眼以外でえものや敵を感じられる
- レア　めったに目撃されない生物

生息深度

生物がすむ場所の深さをあらわしています。

大きさ

生物の大きさを、人間とくらべたときの図です。

くらべる基準

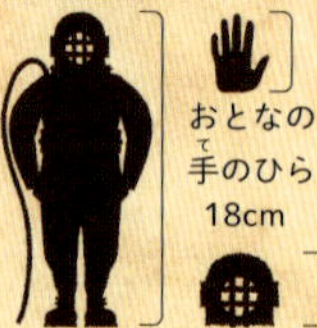

人間のおとな 170cm

おとなの手のひら 18cm

顔 25cm

じっさいの大きさ

大きさのはかり方

体長

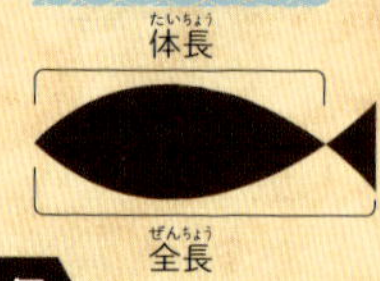

全長

File 1 捕食

この生きものを探せ！

戦慄！ 頭がスケスケの緑の眼をもつ魚

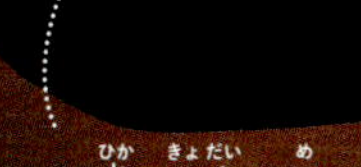

水深200～1300m付近に、じつにふしぎな魚がいるという。とうめいな頭のなかに、緑色の巨大な眼があるのだ。信じられないような話だが、頭が透けているのには「ある理由」があるらしい。

どうやら深海には、えものを捕えるため、さまざまな特しゅ能力を身につけた生物がいるようだ。真相を確かめるため、さっそく調査を開始しよう。

魚類

ハンター

レア

巨大な口を開けて泳ぐ

メガマウス

プランクトンを一気のみ！

海水といっしょに小さなエビやプランクトンを丸のみし、海水はえらから外に出す

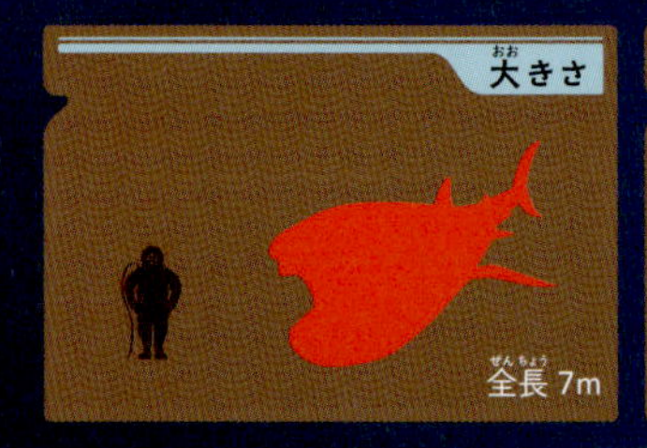

大きさ

全長 7m

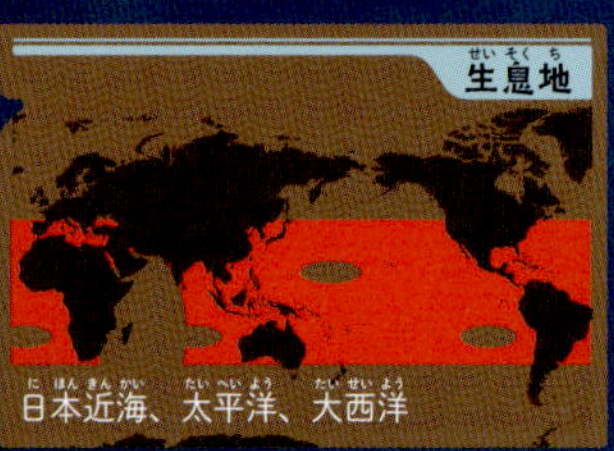

生息地

日本近海、太平洋、大西洋

▲生息深度 5m～600m

おとなが丸のみされそうなほど巨大な口をもつサメ。見た目はおそろしいが性格はおとなしい。えさは小さなエビやプランクトン※。大きな口で大量に食べる。1976年にハワイ沖で発見されてから現在まで、たった60匹ほどしか目撃されていない。

昼間は深海にいるが、夜は海面近くまであがってえさを食べる

※ 水中をただよって生活する生物のこと

ぎょるい
魚類

ハンター
わな
発光
レア

「悪魔(あくま)」とよばれる魚(さかな)

デバアクマアンコウ

さおのさや。長(なが)いさおはここにしまえる

ルアーを光らせて
えものをさそう

光でさそい、かぎ針でつる!

漢字で書くと「出歯悪魔鮟鱇」。おそろしい名だ。頭の上から長いさおがのび、その先にあるルアー※を光らせてえものをおびきよせる。ルアーの先にあるかぎ針で、まるで魚つりをするように、近づいたえものをつって食べているとされる。

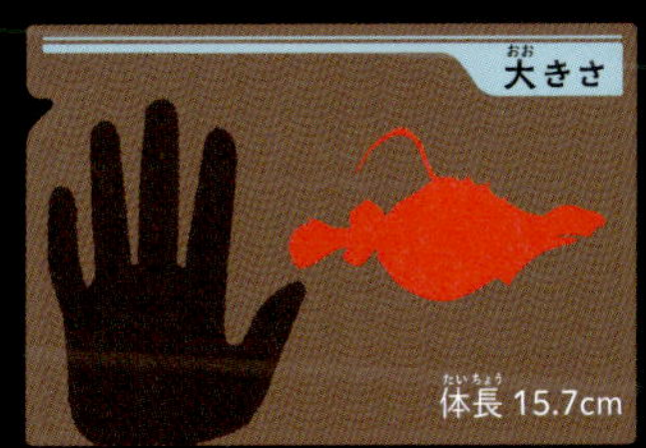

生息深度 1200m～1300m

500m
1000m
2000m
3000m
4000m
5000m
6000m
7000m
8000m
9000m~

のぞいてみよう!

なぜ光る? ルアーのひみつ

ルアーが光るのには「バクテリア」が関係している。バクテリアとは目に見えないほど小さな生物で、光るものもいる。アンコウのなかまは、ルアーの中に、この「光るバクテリア」を飼っているのだ。

※魚をさそうため、えものににせてつくった「にせのえさ」のこと

有櫛動物

虹色に美しく光る

フウセンクラゲ

ここが口

くし板。光を反射するので、動かすと虹色に光って見える

体のまわりにある8列のくし板を規則正しく動かして深海をただよう。体からは、体長の何倍もある長い触手が出ている。触手はべたべたしていて、これで小さな生物をからめとって食べる。美しいすがただが、りっぱな肉食動物なのだ。

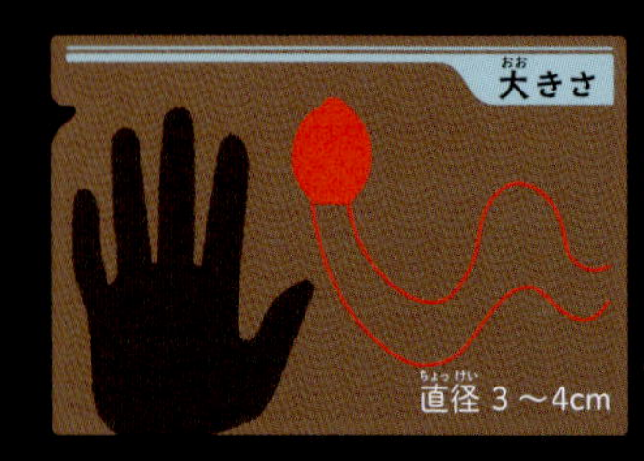

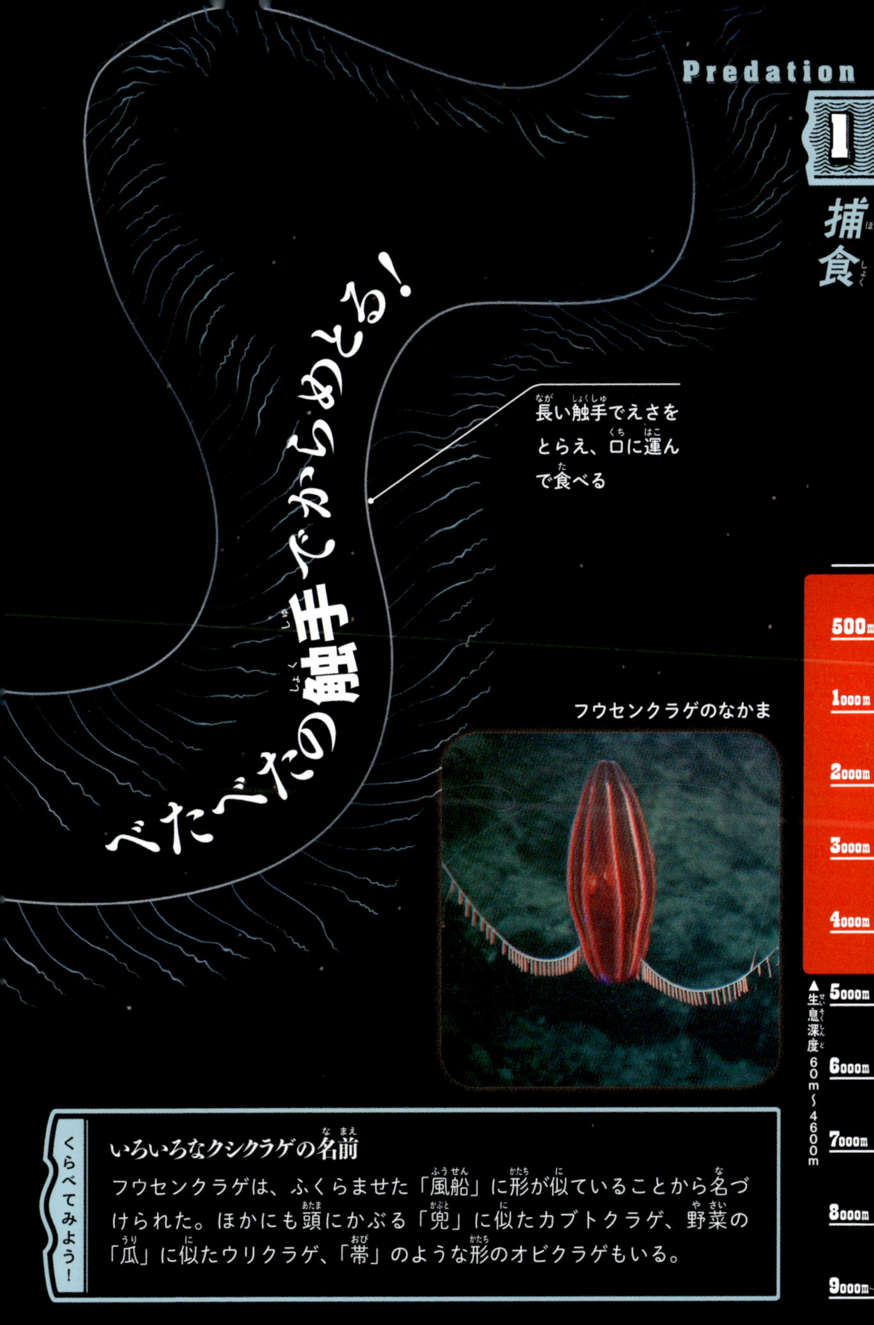

くらべてみよう!

いろいろなクシクラゲの名前

フウセンクラゲは、ふくらませた「風船」に形が似ていることから名づけられた。ほかにも頭にかぶる「兜」に似たカブトクラゲ、野菜の「瓜」に似たウリクラゲ、「帯」のような形のオビクラゲもいる。

まめちしき フウセンクラゲは触手に毒のあるとげがない「クシクラゲ」のなかま。じつはクラゲではない

魚類

ハンター
わな
発光

出会ったえものはにがさない

ホウライエソ

口がとじられないほど長い牙をもつ。えものに出会うと、頭を上にはねあげ、下あごをぐっと前につき出し、大きな口でおそいかかる。長い牙でとらえたえものは、そのまま丸のみにしてしまう。

ルアーの先を光らせて、えものをおびきよせるとされる

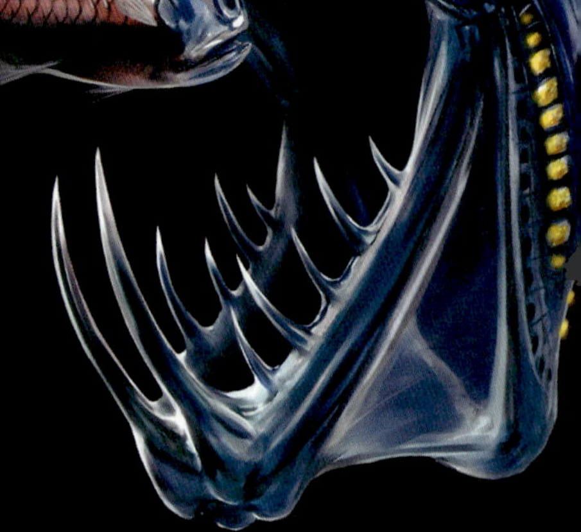

大きさ
体長 35cm

背骨の一部がヒモのようにやわらかく、頭を思い切りのけぞらせて口を開く

牙は口からはみ出すほど長く、頭の上までのびる

500m
1000m
2000m
3000m
4000m
5000m
6000m
7000m
8000m
9000m~

▲生息深度 490m～1000m

もっと知ろう！

どうしてこんなに牙が長いの？

深海は生物が少ないので、何か月もえものに出会えないことも多い。そのため、出会ったえものを確実にとらえるために、しだいに牙が長くなったと考えられている。

まめちしき 大きなえものを丸のみすることから「Viper fish（マムシ魚）」という英名がつけられている

かわいいけれど、じつは肉食

ハダカカメガイ(クリオネ)

悪魔の顔でいきなりバクッ!

バッカルコーンで、包みこむようにしてえものをとらえる

えもののミジンウキマイマイという貝。からから身を引きずり出して食べる

愛らしいすがたから、「海の妖精」「流氷の天使」ともよばれる。しかし、えものを見つけたとたんにすがたが一変。エイリアンのように頭がパカっと開き、「バッカルコーン」とよばれる触手でえものにかぶりつくのだ。

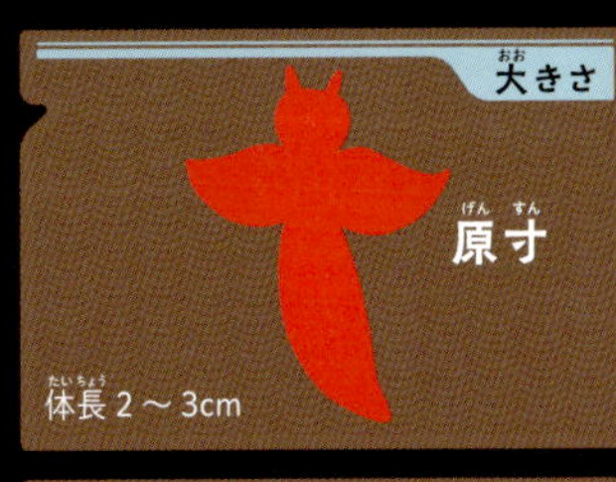

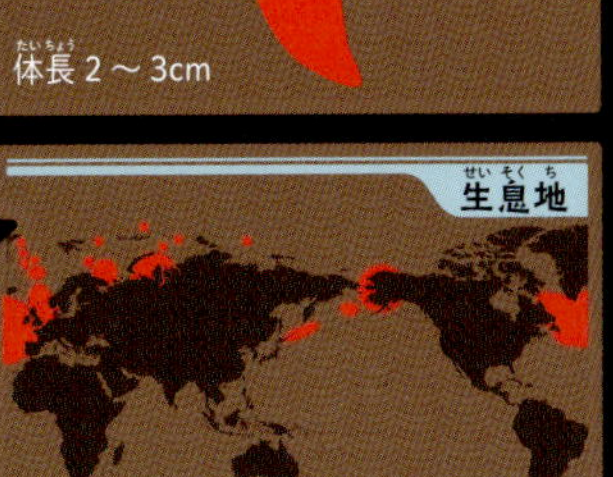

つばさのように見える足をゆっくり動かして泳ぐ

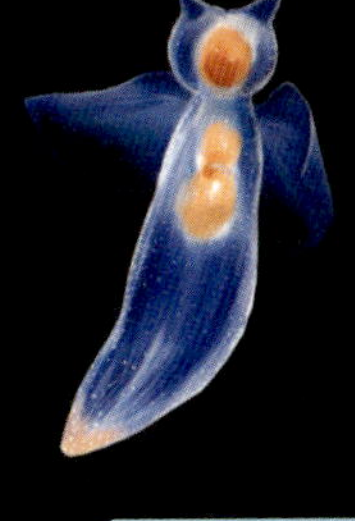

くらべてみよう!

クリオネの親せきはナメクジ!?

クリオネは「貝」のように見えないが、巻き貝の一種だ。ほかにもナメクジやアメフラシもじつは貝のなかま。貝がらがなくなったり、とても小さくなったりしているが、体のつくりは貝と同じなのだ。

まめちしき 日本では、北海道のオホーツク海沿岸に、流氷とともにあらわれることがある

深海の名ハンター

オオクチホシエソ

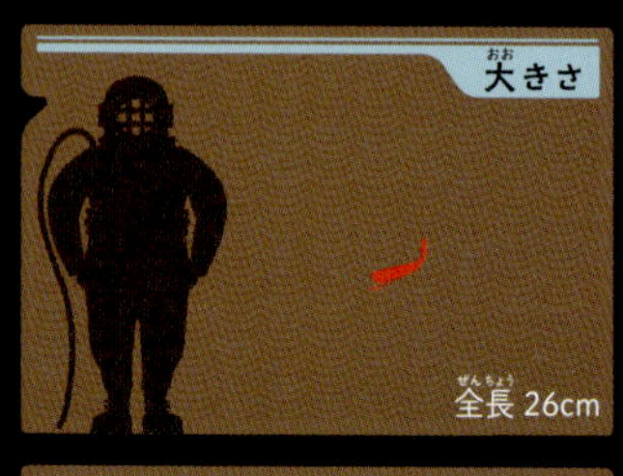

赤いビームでロックオン！

眼の下の発光器から赤い光を出してえものを探す。多くの深海生物は赤い色が見えないが、オオクチホシエソは見ることができる。そのためえものににげられたり、ほかの生物からおそわれることなく、えものの位置を確認できる。

発光器。光の強さをかえたり、点滅させたりできる

下あごには皮ふがなく、口を開けたまま泳げるので、大きなえものも食べられる

500m
1000m
2000m
3000m
4000m
5000m
6000m
7000m
8000m
9000m

▲生息深度 500m～3900m

まめちしき オオクチホシエソは、自分の体内で光る物質をつくり出している

海綿動物

まちぶせ

奇妙な新種の海綿動物
タテゴトカイメン

ワナをはってまちぶせる!

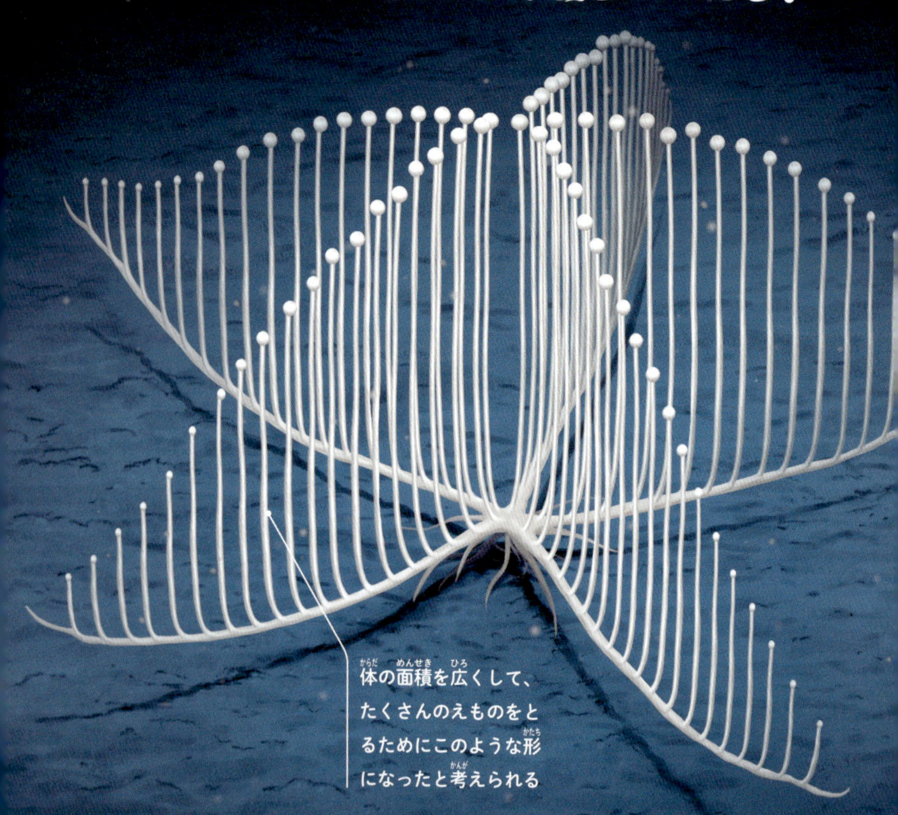

体の面積を広くして、たくさんのえものをとるためにこのような形になったと考えられる

まるで楽器のハープのような形をした海綿動物。中央から横に、1～6本の枝がまっすぐのびていて、そこから大小たくさんの枝が上にのびている。枝にはとげのようなものがあり、ここにプランクトンや小さなエビなどがくっつくと、うすいまくで包んで消化すると考えられている。

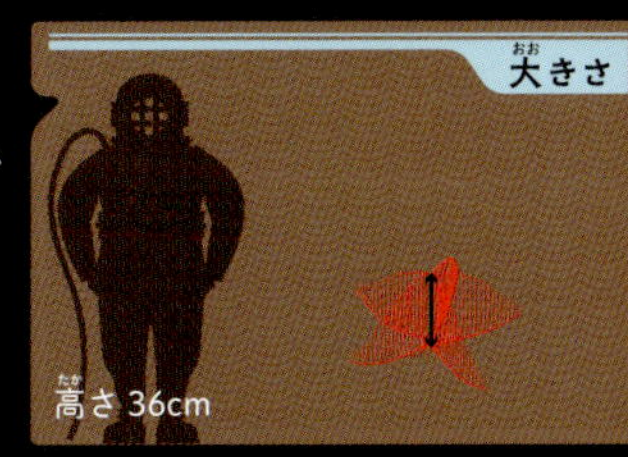

エダネカイメン。これも肉食の海綿動物だ

▲生息深度 3300m～3500m

500m
1000m
2000m
3000m
4000m
5000m
6000m
7000m
8000m
9000m～

もっと知ろう！

ふしぎな形の海綿動物

海綿動物は、大昔から地球にすんでいた原始的な生物。海底などにくっつき、海水からプランクトンなどをつかまえて生きている。深海では、ほかにもエダネカイメンなど、ふしぎな形のものが発見されている。

まめちしき 2000年に発見されたばかりの生物なので、くわしいことはまだわかっていない

魚類

高性能探知機でえものを見つける

ミツクリザメ

「吻」※には、「ロレンチーニ器官」というセンサーがある。ここで生物の体から出る弱い電気を感じとり、砂の中にかくれているえものも見つけることができる。えものを見つけたら吻を使ってほり出し、すばやくとらえるのだ。

※ 口のあたりから前につきでている頭の先の部分のこと

くらべてみよう!

えものを感じる、いろいろなセンサー!
センサーをもつ生物は、ほかにもいる。ヤムシ（32ページ）は水の振動で、ムラサキヌタウナギ（78ページ）はにおいをたよりに、マッコウクジラ（54ページ）は超音波を発して、えものを探す。

平たく広い吻には、ロレンチーニ器官がたくさんある

すばやく前に飛び出す口。細長く内側に曲がった歯がたくさん生えている

砂の中にいても にがさない!

500m
1000m
▲生息深度 270m～960m
2000m
3000m
4000m
5000m
6000m
7000m
8000m
9000m~

毛顎動物

ハンター
センサー

一撃必殺のどうもうなハンター

ヤムシ※

水深1593 mで採集されたヤムシ。エイリアンのような顔をしている

すばやい動きでえものをとらえる名ハンター。眼はほとんど見えないが、体の表面に水の振動を感じるセンサーがあり、これによってえものの位置を正確につかめる。近くにえものが来ると矢のように猛スピードでおそいかかる。

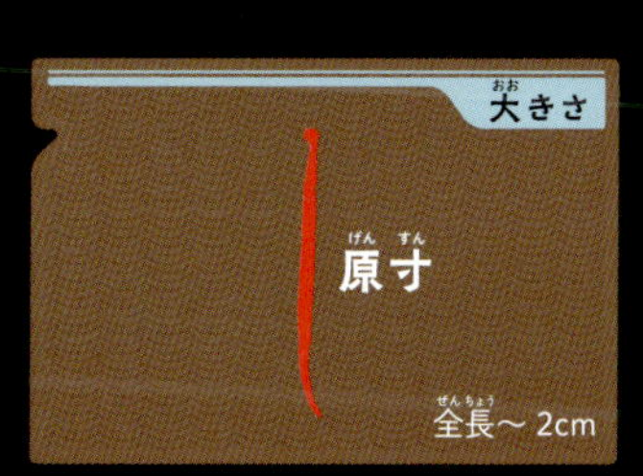

もっと知ろう!

ヤムシは不死身?

ヤムシの体は刃物で切られてもすぐに再生する。細胞の再生能力がとてもすぐれているためだ。ほかにも再生能力が高い生物として、しっぽが再生するヤモリやイモリ、体ごと再生するプラナリアなどがいる。

※ヤムシには多くの種類がいて、浅い海から深海まで世界各地に生息している

ハンター

深海の大食いチャンピオン

オニボウズギス

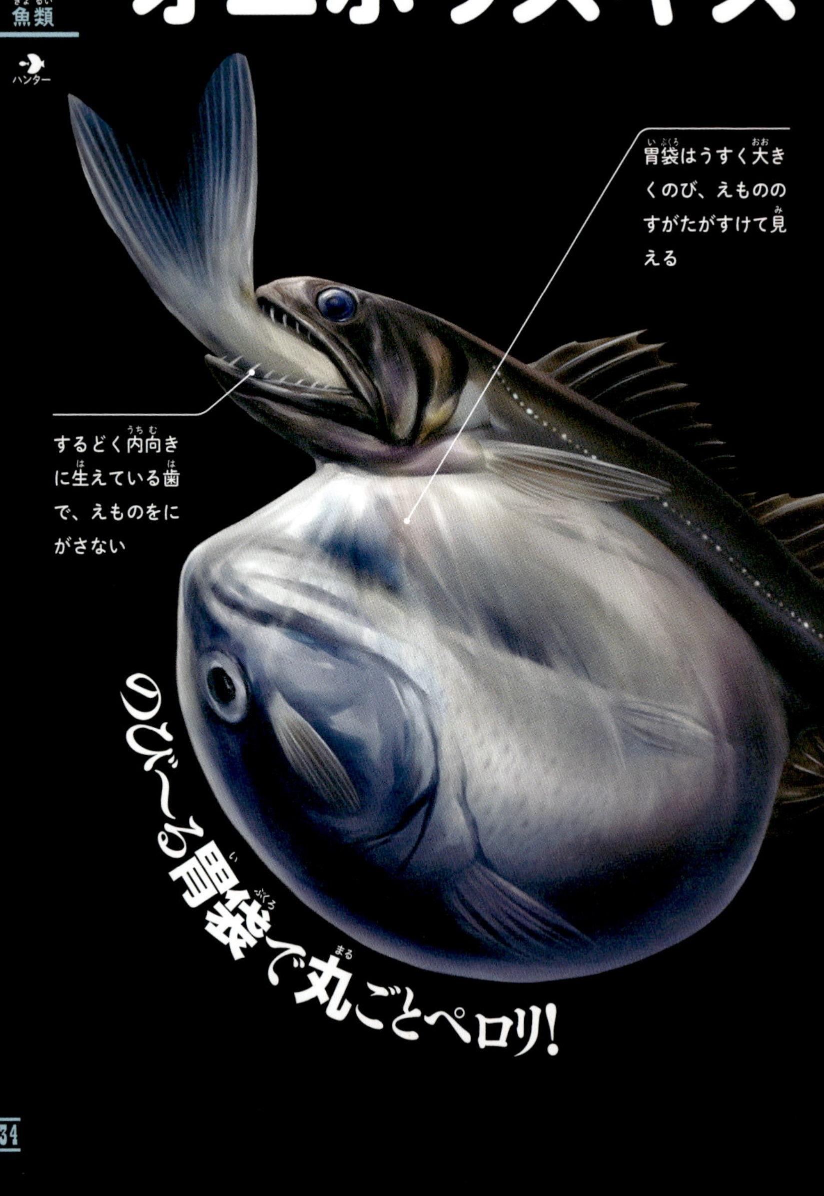

ふだんはスリムなすがたをした魚。しかし、ものすごく丈夫でよくのびる胃袋をもっていて、自分よりもずっと大きなえものものみこんでしまう。大物を食べると、数か月間何も食べなくても生きていける。

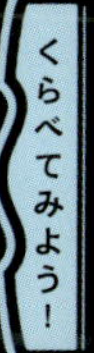

巨大なえものを丸のみする生物

地上にも大物食いの生物はいる。アナコンダというヘビは、シカを丸のみすることもある。ふだんはじっと動かない鳥、ハシビロコウも、大きな魚を丸のみする。大物を食べれば、食事の回数が少なくてすむのだ。

500m
1000m
2000m
3000m
▲生息深度 700m～2700m
4000m
5000m
6000m
7000m
8000m
9000m～

まめちしき 英名は「Black swallower（黒い大食漢）」。大食いであることから名づけられた

尾索動物

笑いながら海底に立つ

オオグチボヤ

えさが流れてくる方向にみんなで入水孔を向けている

大口を開けて、ひたすらまつ！

ふつうは海底の岩についているが、空きかんやおかしの袋などについていることもある

海底にすむ、全身がとうめいな生物。植物のようにじっとして動かないが、れっきとした動物だ。海中をただよう動物プランクトンなどを食べて生きている。たくさんの個体が集まって「コロニー(むれ)」をつくっていることもある。

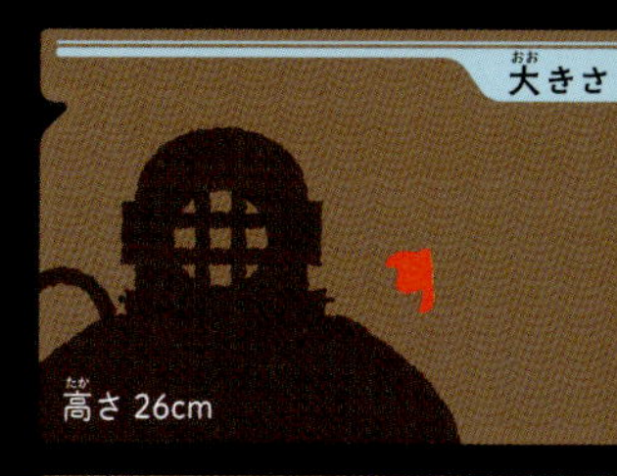

入水孔。水といっしょにえさが入る。小さなエビなどが入るととじることもある

500m
1000m
▲生息深度 300m～1000m
2000m
3000m
4000m
5000m
6000m
7000m
8000m
9000m～

のぞいてみよう!

オオグチボヤの体には「ふるい」がある!

入水孔のおくには「さいのう」とよばれる「ふるい」がある。これで海水からえさをこしとり、おくにある胃や腸に送って消化しているのだ。飲みこんだ海水は、体の上にあるあなから外にはき出している。

まめちしき ホヤのなかまは、子どものときはオタマジャクシのようなすがたで泳ぎ、固着場所を探す

コックピットのような頭(あたま)をもつ

デメニギス

ここが眼(め)。クラゲの毒(どく)にふれないようにゼリーで守(まも)っていると考(かんが)えられる

小(ちい)さな口(くち)でえものをすいこむとされる

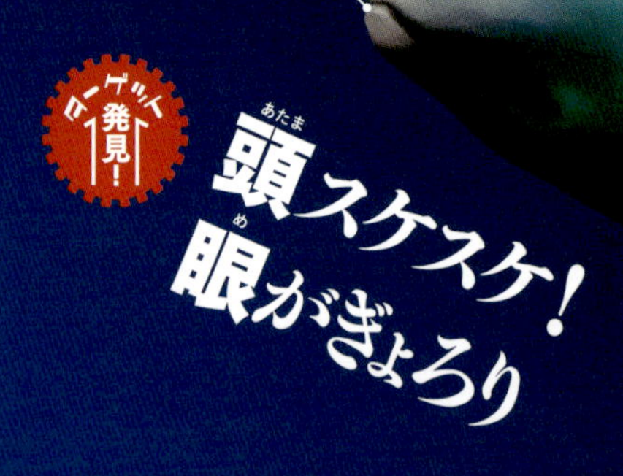

大きな頭はとうめいなゼリーのような物質で満たされていて、中には緑色をした大きな眼がある。頭がすけているのは、上を泳いでいるえものを見つけやすくするためだ。ふだんは眼を上に向けてえものを探し、とらえるときは前向きに回転させる。

胃の中に残っていたものから、クラゲがつかまえたプランクトンをうばって食べているのではないかと考えられる

▲生息深度 20m～1300m

もっと知ろう!

潜水艇のように自在に泳げる

デメニギスの体の両側には、とても大きく、水平に広げられるひれがある。これを正確に操作することで、上下左右に進むだけでなく、まるで潜水艇のように水中でピタリと止まることもできるという。

まめちしき 採集されたものにはとうめい部分がなく、眼がとび出た魚だと思われたのが名前の由来

深海生物の食事

とにかく食事にありつけない！

浅い海は生物が多い。太陽光によってたくさんの植物が成長し、それを食べる草食動物や、さらにそれを食べる肉食動物がいる。

ところが、深海には光が届かない。水深100mでは海洋表面の1%の光の強さしかなく、1000mからは暗黒だ。光がなければ、生物のえさとなる植物も育たないため、生物の数も少ない。

水深3000～6000mの海底での1m²あたりの生物量は、1円玉数まい分といわれている。そんな深海では、えものを見つけるのは、とてもむずかしい。

地上にたとえると……

サッカーグランドに小学生がひとり、ぽつんといるくらいの生物の密度だ

えものを見つけるスゴイ能力

そんなきびしい世界でえものを見つけるために、深海生物はさまざまな能力を身につけた。

光をじょうずに使いこなすもの、えもののいる場所を察知するセンサー機能を身につけたものなど、暗黒の世界で生きぬくためにさまざまな進化をとげたのだ。

たとえば……

光るルアーでえものをおびきよせる

デバアクマアンコウ

水の震動でえものの位置を感じる

ヤムシ

出会ったえものは、にがさない！

やっとえものを見つけても、食べられなければ意味がない。深海生物の中には、確実にえものをつかまえるために、体の一部をきょくたんに進化させたものもいる。地上では考えられないへんてこなすがたも、深海では役に立つのだ。

たとえば……

長い牙でしとめる

ホウライエソ

巨大な胃袋で丸のみにする

オニボウズギス

博士のメモ①

海にすむ伝説の怪物たち

古代より、海のおく深くには、「クラーケン」や「シーサーペント」とよばれる魔物がすむと信じられてきた。クラーケンはイカやタコに似た怪物で、島とまちがわれるほど巨大な体をもち、足をまきつけて船を海中に引きずりこむ様子が昔の絵にえがかれている。またシーサーペントは、別名“大海蛇”ともよばれる。体長は数十メートルあり、「サッカーボールのような頭に角が生えている」「ワニに似ている」といった目撃情報が世界各地からよせられた。

これらの怪物は、現在ではダイオウイカやリュウグウノツカイではないかと考えられているが、いまだに未確認生物（UMA）の目撃情報は後をたたない。

メガマウスなど、ほとんど目撃されていない巨大生物も実際にいるのだ。もしかしたら、私たちの知らない巨大生物が、今も暗い海のおくをただよっているのかもしれない……。

File2

移動・遊泳

この生きものを探せ！

目標(ターゲット)!

夢幻！
おとぎの世界からやってきた
白銀の竜!?

体をたてにして泳ぐ

たなびく長い腹びれ

長く美しい白銀の体と、オレンジ色の髪をなびかせて、ゆっくり水中をただよう魚がいるという。まるで竜が天にのぼるように上に向かって泳ぐすがたから、浦島太郎に登場する「竜宮城」からの使いのようだと人々はよぶ。

深海には、ふしぎな動きや泳ぎ方をする生物がほかにもたくさんひそんでいるようだ……。

体中にアンテナをはりめぐらせる

ナガヅエエソ

魚類

アンテナのような胸びれ

3本足で仁王立ち！

腹びれと尾びれがカメラの三脚のようなので「三脚魚」ともよばれる

胸びれは、水の流れをとらえてえものの位置や危険を感じる役割をもつ

▲生息深度 800m～1500m

500m
1000m
2000m
3000m
4000m
5000m
6000m
7000m
8000m
9000m

長くのびた２本の腹びれと１本の尾びれで、海底にじーっと立っている。プランクトンなどの小さなえものが流れてくるのをひたすらまっているのだ。ただし危険が近づくと、もうれつな速さでにげるという。

なぜ、えものをつかまえに行かないの？

深海は生物の数がとても少ないので、えものに出会える確率が低い。そのためへたに泳ぎ回るより、えものが来るのをまつほうがむだなエネルギーを使わずにすむ。まつこともりっぱな戦略なのだ。

まめちしき　流れてくるえものを探知するために、いつも水の流れにさからって立っている

深海のいやし系アイドル

メンダコ

軟体動物

まちぶせ

海底にUFOあらわる!?

うでの裏には吸盤があり、そのまわりに細かな触毛が生えている

ひれのほか、体全体をすぼめたり広げたりして泳ぐ

メンダコはすみをはかない。暗やみで黒いすみをはいても無意味だからだろう

8本のうでは、まくでつながりスカートのようになっていて、広げるとUFOそっくりだ。ふだんは海底でじっとしている。体はクラゲのようにやわらかく、陸にあげると重さでつぶれてぺちゃんこになってしまう。

もっと知ろう！

なぜ陸にあげるとぺちゃんこになるの？

メンダコの体は、水をいっぱいに入れたポリぶくろのようなもの。水の中では物を浮き上がらせる力（浮力）がはたらいているため自由に動けるが、浮力のない陸にあげると自分の体の重さでつぶれてしまうのだ。

まめちしき　あまりに体がやわらかいため、つかまえるときは料理で使う「おたま」などですくう

魚類

まちぶせ

へんな顔で海の底を歩く

フウリュウウオ

体はスリッパのように平たく、尾は細い

三角形の頭がとても個性的な魚。胸びれと腹びれを4本の足のように使って海底を歩く。危険がせまると胸びれを広げ、しっかりと体を海底に固定し、頭を横に広げる。敵をいかく※しているのかもしれない。

大きさ

生息地

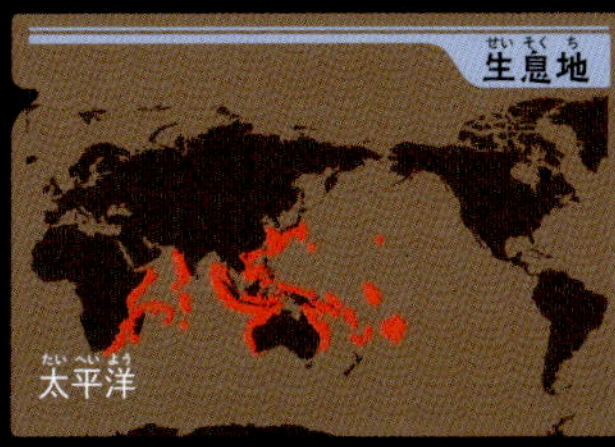

500m

▲生息深度 90m～740m

1000m
2000m
3000m
4000m
5000m
6000m
7000m
8000m
9000m～

くらべてみよう！

魚もいかく行動をする

犬が牙を見せてうなるように、魚も「いかく行動」をする。サメは8の字をえがくように泳ぎ、メバルはひれを広げて体を大きく見せる。なかまに自分の力を見せるためや、敵に食べられないための行動だ。

※ 自分の力が強いことをしめして、相手をおどすこと

片方の眼だけが大きい

クラゲイカ

軟体動物

左眼は、右眼の倍以上の大きさがある

上にも下にも、にらみをきかす!

頭やうでにはたくさんの発光器があり、光って敵からすがたをかくす

左眼は胴のはばよりとびだしている

頭が大きく、左眼だけがとても大きい。うでを下にして体を少しななめにして泳ぐ。大きい眼で上を泳ぐえもののかげをさがし、小さい眼で下を泳ぐ発光生物を探しているとされる。なかなかぬけ目のない生物である。

500m
1000m
2000m
3000m
▲生息深度 50m〜3500m
4000m
5000m
6000m
7000m
8000m
9000m

大きさ

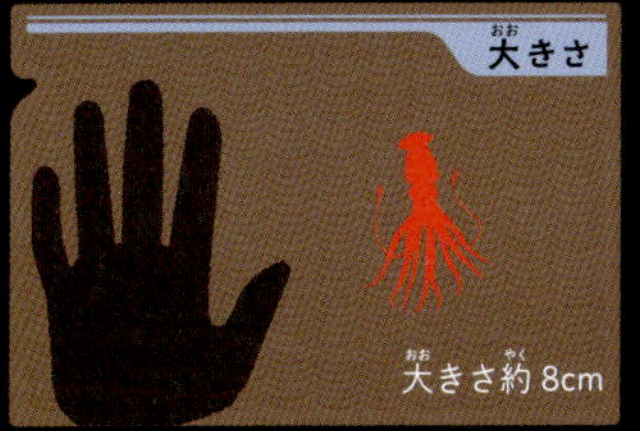

大きさ約 8cm

生息地

世界各地のあたたかい海

のぞいてみよう！

ウソを見やぶる眼

海面からの光は、海の中では青く見える。そのため多くの深海魚は、青い光を発して自分のすがたを周囲にとけこませる。しかしクラゲイカの左眼は、青い光が見えない構造なので、魚のかげがはっきり見える。

まめちしき 天敵はマッコウクジラ （54 ページ）

ギネス級の眼をもつふしぎ生物

ギガントキプリス

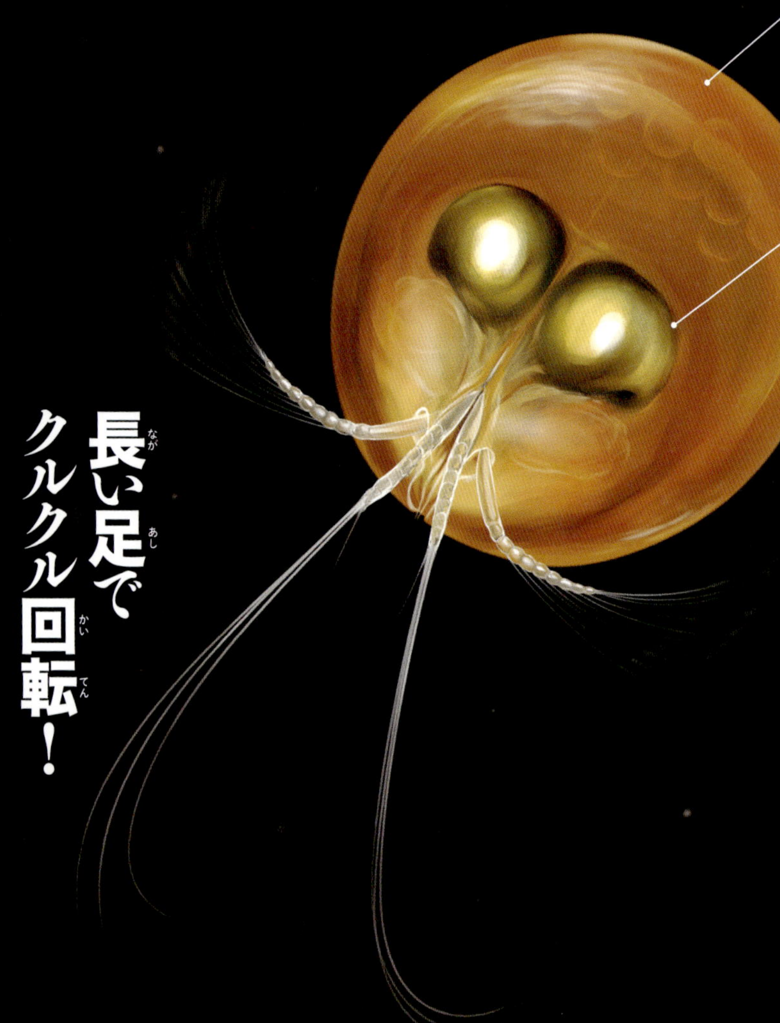

2枚のからで、体を守る。卵もこの中にうんで育てる

ギネスブックにのるほどすぐれた眼をもつ

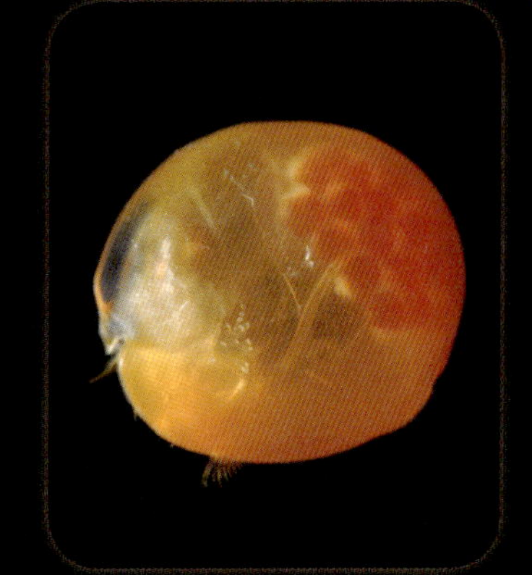

頭を後ろから見たところ。見た目は似ていないが、エビやカニのなかまだ

体から長い足を何本も出して、回転しながら泳ぐ。銀色の大きな眼は、「世界でいちばん光を集めることができる」といわれるほどすぐれた性能をもつ。カイアシ類などの小さなプランクトンを食べると考えられる。

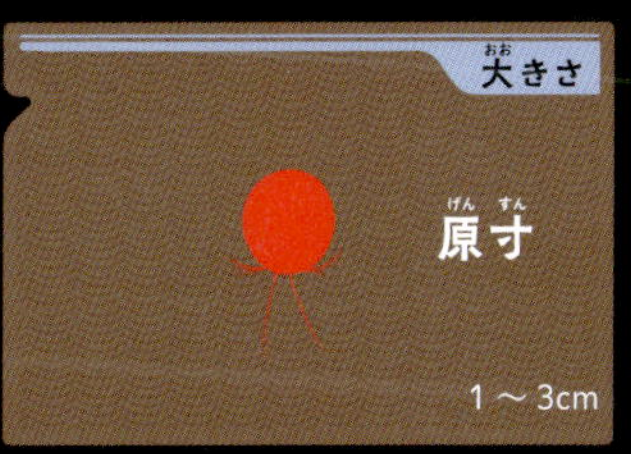

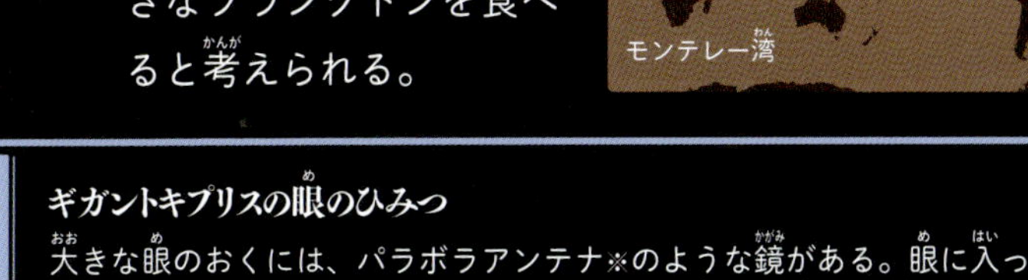
のぞいてみよう!

ギガントキプリスの眼のひみつ

大きな眼のおくには、パラボラアンテナ※のような鏡がある。眼に入った光は、この鏡に反射して一点に集まる。その集まる場所に光を感じる細胞があるので、わずかな光でも感じとることができる。

※電波を一点に集めるための、おわん形のアンテナのこと

ほ乳類

深海でくらすほ乳類

マッコウクジラ

頭には大量の油が入っている。これを海水で冷やしてかためることで「重り」に、血液であたためてとかすことで「浮き」にしているらしい

水深3000mまでグングンもぐる

母と子でむれをつくって生活する

人間と同じほ乳類のなかまなので、水中では呼吸ができない。しかし1回息をすえば、連続で1時間ぐらい息を止めて泳げる。生きている間の3分の2を深海ですごすといわれ、水深3000mまでもぐることもある。ほ乳類きっての潜水名人だ。

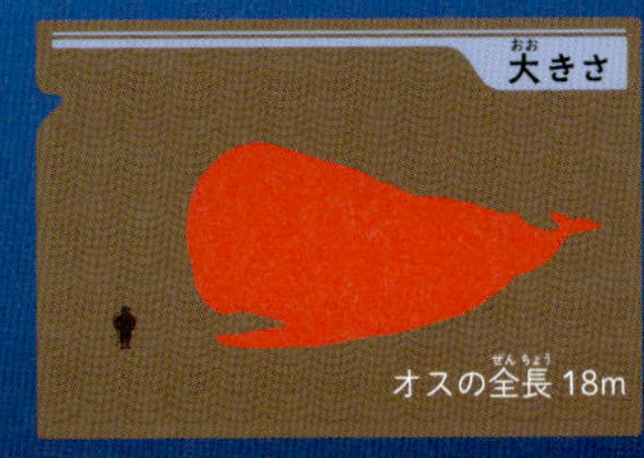

500m
1000m
2000m
3000m
▲生息深度 0m～3000m
4000m
5000m
6000m
7000m
8000m
9000m～

まめちしき 筋肉の中に酸素をためることで、長い時間息を止められる

棘皮動物

海底をはいまわる巨大ウニ

ウルトラブンブク

一本道のような
移動のあと

とげを動かして、
砂をくずしながら
移動する

海底を進むブルドーザー！

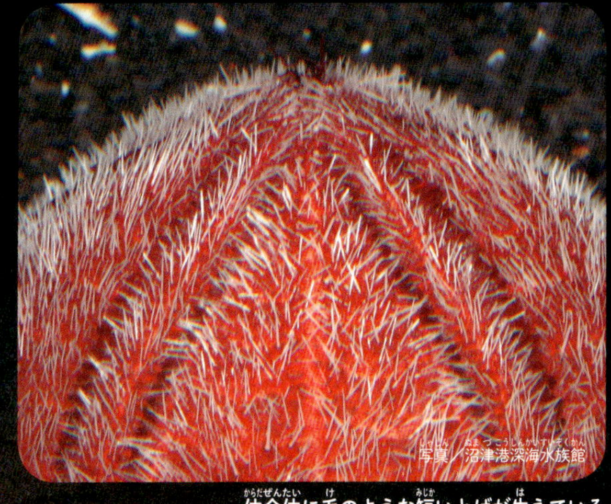

体全体に毛のような短いとげが生えている

直径が20㎝にもなる巨大なウニ。ふつうのウニとくらべ活発で、海底をはいまわり、岩に登ることもある。動きながら海底のどろを口に入れ、どろの中の栄養を吸収しているという。

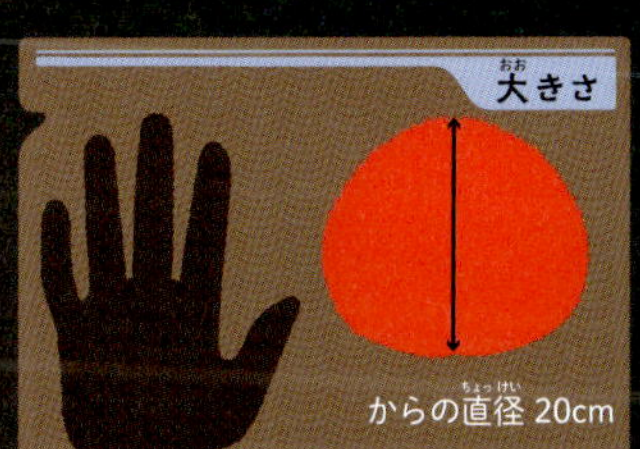

くらべてみよう！

おもしろいウニのなかま

ウニにもいろいろな名前と形のものがいる。とても短いとげをもつスカシカシパンやもじゃもじゃの毛が生えたように見えるブンブクチャガマ、太いパイプがのびているように見えるパイプウニなど、多種多様だ。

まめちしき　ブンブクのなかまは砂にもぐっているものが多く、海底をはうものはめずらしい

魚類

ハンター

わな

長い(なが)ルアーを器用(きよう)に使う(つか)

シダアンコウ

眼(め)はとても小(ちい)さく、ほとんど見(み)えない

さかさま泳(およ)ぎでおびき出(だ)す!

さおの先にえものがふれると、すばやくおそうと考えられる

えものをとるとき、腹を上に向けてさかさまになって泳ぐ。頭からのびた長いさおで、海底近くのえものをさそって食べていると考えられる。

500m
1000m
2000m
3000m
4000m
5000m
6000m
7000m
8000m
9000m~

▲生息深度 300m～5300m

もっと知ろう！

どうして眼が見えなくても大丈夫なの？

深海は光がほとんど届かずまっ暗なため、眼が退化してしまった生物も多い。そのかわり「さお」や「鼻」など、眼のかわりとなるさまざまな感覚器（センサー）が発達したため、見えなくても問題ないのだ。

まめちしき えものをおそうときは、両あごにある牙のような強い歯を使うと考えられている

棘皮動物

植物のような動物

トリノアシ

海底にさく美しい花のように見えるが、ヒトデやウニと同じなかまの「動物」だ。ふだんは、くきの下から生えている枝で何かにつかまっているが、うでを動かして体を引きずりながら移動することもある。

うでにはべたべたした突起があり、流れてくるプランクトンなどをつかまえる。つかまえたえものは、うでの中心にある口に運んで食べる

くき

枝

トリノアシと同じウミユリのなかま。恐竜より古い時代からいた「生きた化石※」だと考えられる

500m
▲生息深度 100m～500m
1000m
2000m
3000m
4000m
5000m
6000m
7000m
8000m
9000m

※ 大昔から、何世代にもわたってずっとすがたをかえずに生きてきた生物のこと

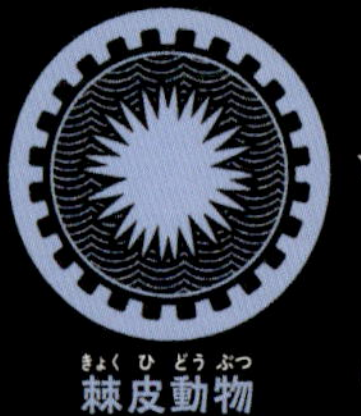

棘皮動物

ゆうがに水中ダンス

ユメナマコ

危険を感じると、うんこ（正体はどろ）を肛門から出して、身軽になって泳ぐこともある。体はとてももろく、潜水調査船で生きたすがたが観察されるまで、泳ぐとは考えられていなかった。

うんこしてジャンプ！

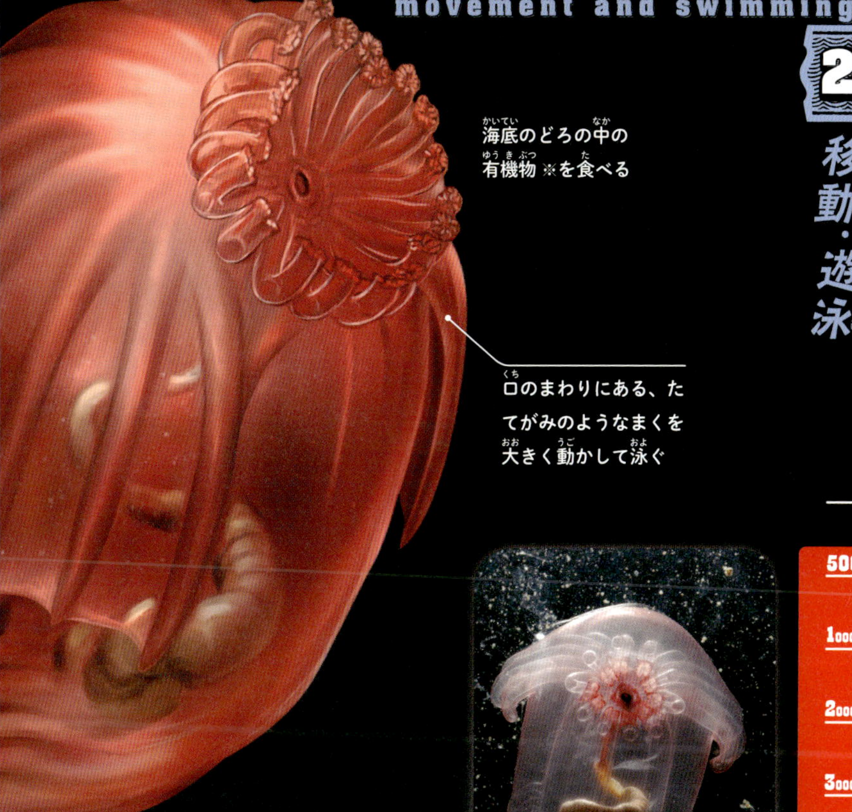

体は半とうめい。内臓がすけて見える

500m
1000m
2000m
3000m
4000m
5000m
6000m
7000m
8000m
9000m

▲生息深度 300m〜6000m

もっと知ろう！

ナマコは「海のそうじ屋」さん！

ナマコは、海底のどろを口に入れ、その中の栄養だけを食べ、いらないどろは肛門から出す。そうすることでどろがきれいになるため、別名「海のそうじ屋」とよばれているのだ。

※ 動物や植物の体の一部。ここでは、死んで細かくなった生きもののかけらなどのこと

静かに泳ぐ「竜宮城からの使い」

リュウグウノツカイ

魚類

ハンター
発光
センサー
レア

ひじょうにまれではあるが、日本の海岸にも打ち上げられることがある

背びれを静かに動かして、ゆっくりと泳ぐ

まるで海底から地上へのぼっていくように体をたてにして静かに泳ぐ。その幻想的なすがたから、浦島太郎の「竜宮城」にちなんで「竜宮の使い」という名がつけられた。今でも泳ぐすがたはほとんど目撃されない、まぼろしの魚だ。

竜のごとく天に向かって泳ぐ!

長い腹びれの先には、えものを見つけるセンサーがある

まめちしき 夜の海で船から見ると人魚のように見えるため、人魚のモデルともいわれている

深海生物の移動方法

水がネバネバ！？

深海では、ぼうだいな量の水が上に乗っているので、ものすごい圧力がかかる。圧力は、上からだけでなくあらゆる方向からかかる。じつは、圧力がふえるほど、水はねばり気が強くなる。

さらに、深海は水温も低いので、ちょっと動くのにも膨大なエネルギーが必要になる。食べものが少ない深海で、たくさんのエネルギーを使うのは命取り。そのため、なるべく動かない生き方をするものが多くなったのだ。

想像してみよう！

たとえば、はちみつをとかしたように水がトロトロした、とても冷たいプールがあるとする。そこで泳ぐことを想像すると、深海生物の気持ちが味わえるかもしれない。

とても動きにくくなるため、すばやく泳ぐことはできない。水温は2～4度と、つねに低い。

深海ならではの移動作戦

深海には、同じなかまなのに浅い海とはちがう動き方をするものがいる。水温が低く、暗く、さらに水がネバネバの深海では、動き方を工夫しないと生きていけない。深海生物たちは、浅い海とはちがった作戦でかしこく移動しているのだ。

たとえば……

浅い海

魚類

24時間泳ぎ続けてえものを探す

クロマグロ

作戦①

＼省エネ！／

海底に立ってほとんど泳がず、
食べものが流れて来るのを
じっとまつ

ナガヅエエソ

棘皮動物

海底などでじっとして、
どろの中の栄養を食べる

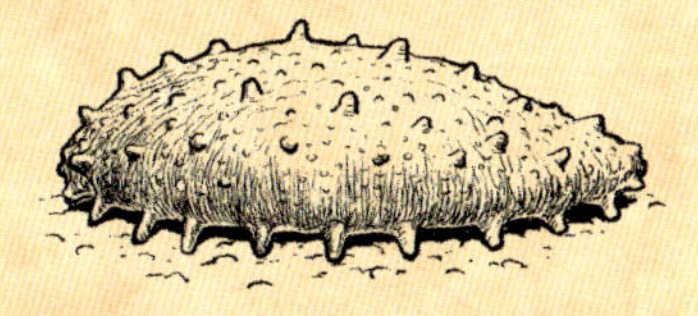

マナマコ

作戦②

＼アクティブ！／

えさのある場所まで移動したり、
食事の時間以外は敵におそわれないように
泳いだりしている

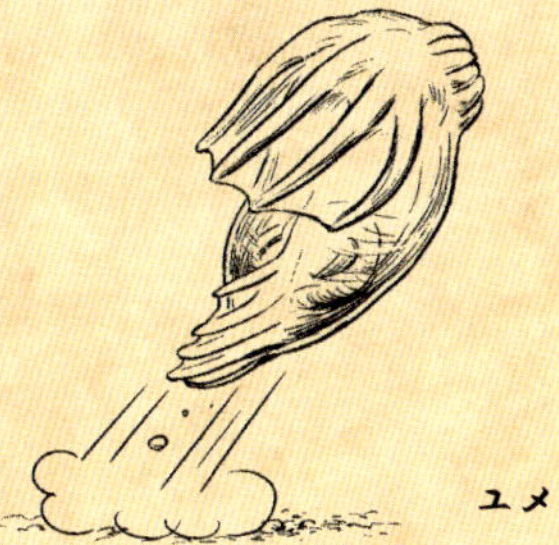

ユメナマコ

深海

博士のメモ②

大解剖！　潜水調査船

「潜水調査船」は、世界の海で深海生物や海底の地形などを調査するスーパーマシーンだ。日本のJAMSTEC（海洋研究開発機構）が開発した「しんかい6500」は、世界に数せきしかない有人潜水調査船（人がのれる潜水調査船）のひとつ。連続で約8時間、最深6500mまでもぐれる。船体は日本がほこる最高の技術でつくられていて、1㎠あたり650kg以上の圧力にたえるコックピットのほか、約100kgの物体を持ち上げられるマニピュレータ、厚さ14㎝もあるのぞき窓、自動車のヘッドライト3〜4個分の強力な光をだす投光器などが搭載されている。

また、「ハイパードルフィン」などの無人探査機は、海上の母船から信号を送り、遠隔操作で深海生物を採集したり、撮影したりできる。

こうした最新機器のおかげで、これまではわからなかった生きた深海生物のすがたが、少しずつ明らかになってきた。

回避・防衛

File3

この生きものを探せ！

ターゲット目標！

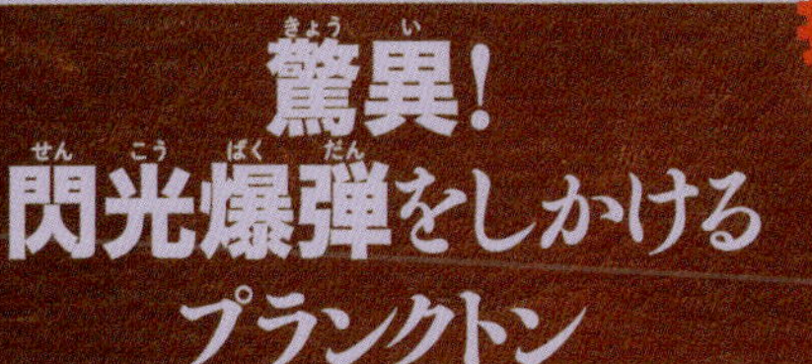

驚異！閃光爆弾をしかけるプランクトン

海中をただよう小さな生きもの。それがプランクトンだ。そのほとんどが魚のエサとして食べられる運命にあるが、なんと「光る時限爆弾」を発射して身を守る種類が発見されたという。

どうやら深海には、驚くべき方法で敵から身を守る生物がほかにもいるようだ。くわしく探ってみよう。

魚類

青白く光るサメ

フトシミフジクジラ

発光器からまわりと同じくらいの明るさの光を出して、すがたを消す

全身から青い光を放つ小さなサメ。腹側には「発光器」という、光を出す器官がならんでいる。体を光らせることで、海面からとどくわずかな光の中に自分のすがたをまぎれこませ、敵に見つかるのを防ぐ。これを「カウンターイルミネーション」という。

下にいる魚からはすがたが見えない

▲生息深度 120m～210m

500m
1000m
2000m
3000m
4000m
5000m
6000m
7000m
8000m
9000m

もっと知ろう！

発光器はラブレター？

広大な深海では、同じ種のオスとメスがなかなか出会えない。そのため子づくりの準備が整うと、フトシミフジクジラは生殖器にある発光器を光らせて、相手に自分のいる場所を知らせるのだ。

まめちしき 2011年に、沖縄の美ら海水族館のチームがほかくして、1週間飼育したことがある

ピンチのときは守(まも)りにてっする

コウモリダコ

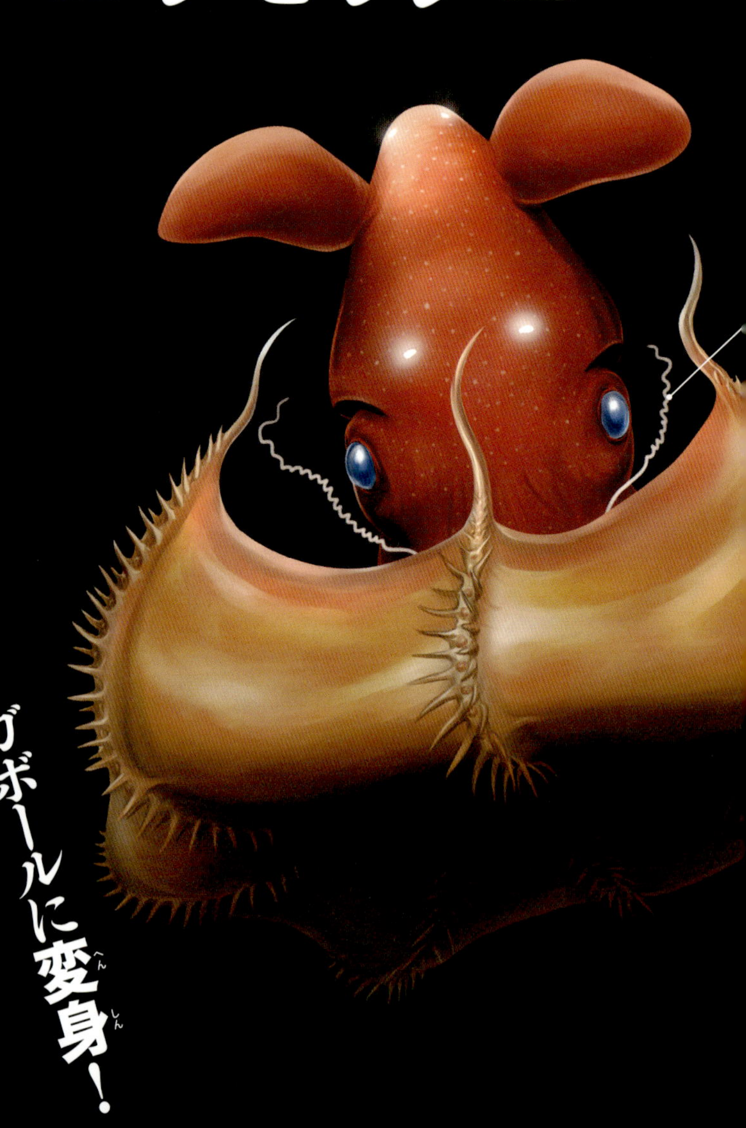

イガイガボールに変身(へんしん)！

耳のような部分で水をかき、
意外と速く泳ぐという

写真／Dhugal Lindsay/JAMSTEC

触糸でえものや敵の気配を感じとり、ねばねばした物質を出してマリンスノー※をくっつけて食べる

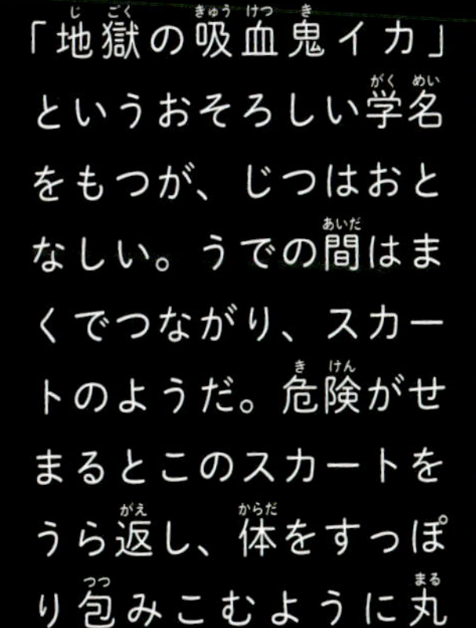

「地獄の吸血鬼イカ」というおそろしい学名をもつが、じつはおとなしい。うでの間はまくでつながり、スカートのようだ。危険がせまるとこのスカートをうら返し、体をすっぽり包みこむように丸まってすがたをかくす。

もっと知ろう！

地獄のような環境でも生きられる

コウモリダコがすんでいるのは、深海のなかでも酸素の量がもっとも少ない「酸素極小層」とよばれるところ。ふつうの生物は生きられないが、コウモリダコは酸素が少なくても生きられるように進化した。

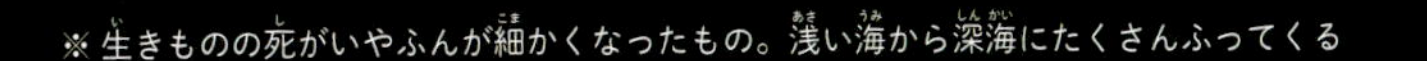
※生きものの死がいやふんが細かくなったもの。浅い海から深海にたくさんふってくる

むれずに生きる孤高のハンター

ヨロイザメ

魚類

天敵は、大きなサメやマッコウクジラ

かたい鎧で完全防御！

歯はのこぎりのようにするどく、自分より大きなえものをねらうこともある

ふつうの刃物では歯が立たないほど皮ふがかたい

その名のとおり、とてもかたい皮ふで全身がおおわれている。うろこが小さなナイフのようになっていて、うっかり素手でさわるとけがをするほどだ。むれずに泳ぎ、魚やエビなどをおそって食べている。

大きさ

生息地

▲生息深度 200m～1800m

500m
1000m
2000m
3000m
4000m
5000m
6000m
7000m
8000m
9000m～

もっと知ろう!

「サメはだ」の意外な使い道

サメの体は、エナメル質という私たちの歯と同じ素材のかたくて細かいうろこにおおわれている。このざらざらしたサメはだで、身を守っているのだ。そのかたさから、ワサビなどをおろす道具にも使われる。

まめちしき　卵が母親のお腹の中でかえり、一度に10ぴき以上が子どもになってから出てくる

七色にかがやくうろこをもつ

ウロコムシ※

環形動物

まちぶせ

種類によってうろこの色はさまざま。にじ色のものもいる

忍法うろこ落としの術！

つりのえさとしてよく使われるゴカイ。そのなかまであるウロコムシだが、深海には、背中に色あざやかな美しいうろこをもつものもいる。おどろくとこのうろこをぱらぱらと落とし、敵が気をとられているすきに、にげると考えられている。

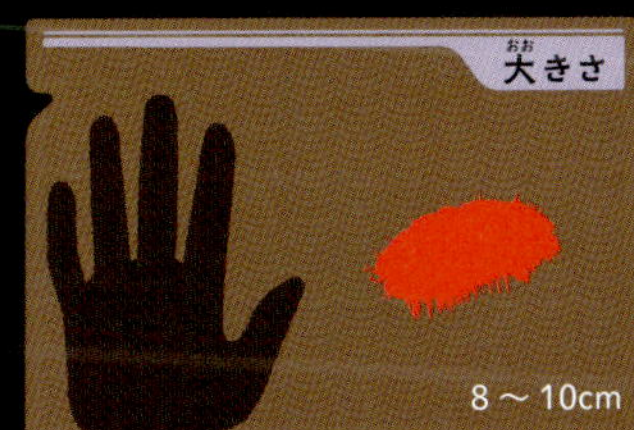

500m
▲生息深度300m～500m
1000m
2000m
3000m
4000m
5000m
6000m
7000m
8000m
9000m～

のぞいてみよう！

ウロコムシの素顔は……？

はかなげで美しいウロコムシだが、電子顕微鏡で拡大してみると、びっくりするほどおそろしい顔をしている。

※ウロコムシのなかまはたくさんいるが、ここでは深海のウロコムシのなかまを紹介する

無顎類

センサー

あごなしの口で死肉を食らう

ムラサキヌタウナギ

自分についたぬたは、体で結び目をつくってとり、鼻のあなに入ったぬたは、くしゃみをして出す

ねばねばでヌルリとにげる

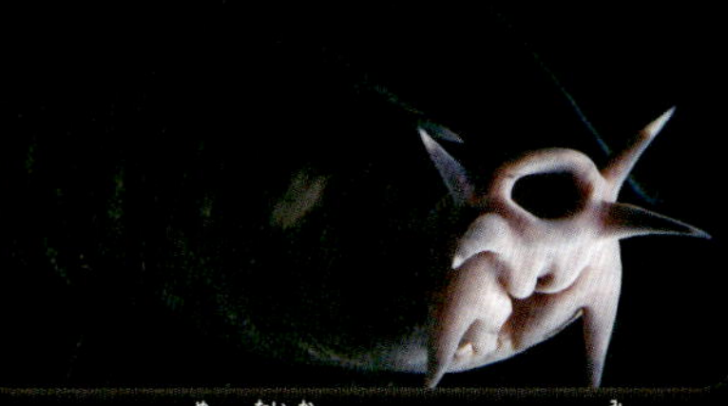

眼は退化していてほとんど見えない

死体のにおいをかぎつけて集まり、体の中に入ったりして肉を食べる。敵におそわれると、「ぬた」とよばれるねばねばの物質を大量に出してにげる。このぬたが敵のえらなどに入ると、ちっそくすることもあるという。

写真／伊豆・三津シーパラダイス

舌の上にあるのこぎりのような歯でえものをけずり取って食べる

鼻のあな

▲生息深度 300m〜1000m

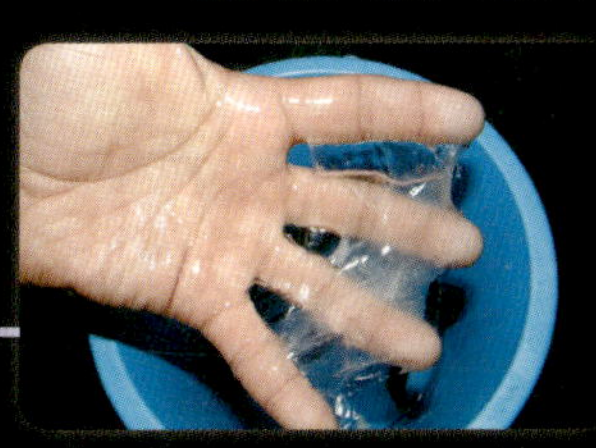

もっと知ろう！

すごいパワーをもつ「ぬた」

ヌタウナギが出すぬたは、とてもねばり気が強く、このぬたを、糸にする研究が進んでいる。ぬたから糸ができれば、ナイロン※のかわりになる強い糸ができ、とてもじょうぶな布ができると期待されている。

※ 石油などの原料からつくられた、じょうぶなせんいのこと

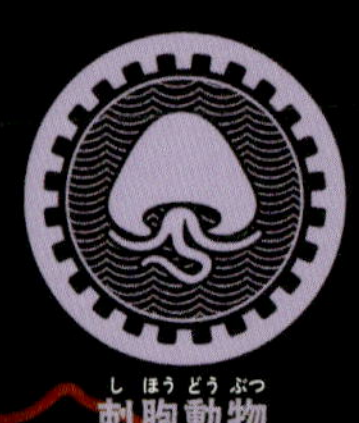

しほうどうぶつ
刺胞動物

あやしく光るUFOクラゲ

ムラサキカムリクラゲ

青い光で
敵の敵をよぶ!

青い光にさそわれて、敵をおそう生きものがやってくる

中央の大きな部分は胃

円盤のような形をしたクラゲ。長くのびた触手で、クダクラゲ※などをおそうすがたが目撃されている。敵におそわれると、青色に強く光る。この光で、敵をおそってくれる生きものを引きよせて身を守るとされる。

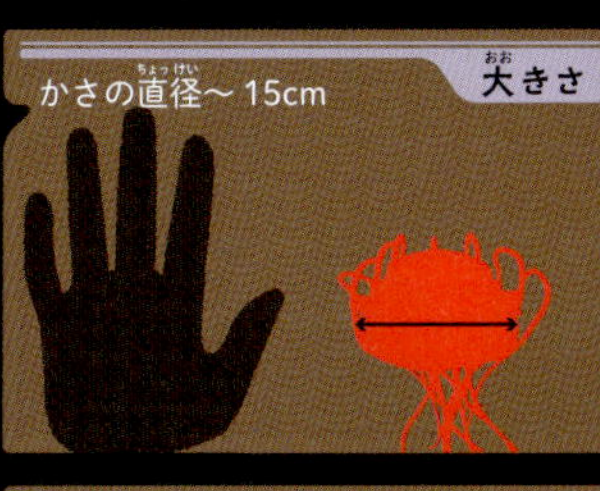

※たくさんの個体がつながってひとつの生物になっている、クラゲのなかまのこと

深海のファッションリーダー

クマサカガイ

軟体動物

まちぶせ

強い体

じまんのコレクションで身を守る

巻き貝がしっかりつくように、つける前にからのよごれを落とす

二枚貝は、からの内側を外にしてつける

写真／鳥羽水族館

つぶらな瞳がかわいらしい

さまざまな貝がらをくっつけて海底を歩く巻き貝。二枚貝や巻き貝、小石などで自分のからをデコレーションする。貝がらを集めるのは、すがたをかくすためとも、からを強くがんじょうにするためとも考えられる。

500m
1000m
▲生息深度 200m〜960m
2000m
3000m
4000m
5000m
6000m
7000m
8000m
9000m〜

のぞいてみよう！

どうやってほかの貝がらをくっつけるの？

クマサカガイのからの下には、炭酸カルシウムという貝がらをつくるもとになる物質を出す層がある。ここから炭酸カルシウムのまざった液体を出して、のりのように使うことで、ほかの貝がらをくっつけるのだ。

まめちしき　七つ道具を背負った伝説の大どろぼう、熊坂長範にちなんで名前がつけられた

節足動物

海底の巣あなにひそむ

ホソウデヤスリアカザエビ

はさみには、くし状の刃がある

大きさ

体長 40cm ～

生息地

インド洋、太平洋

体や足は、小さなとげにおおわれている

たてだけでなく、横にも巣あなをほる

大きなはさみでチョキチョキいかく

海底のどろの中につくった巣から、ひょっこりすがたをあらわす。敵が近づくと、巨大なはさみをふりあげて、いかくする。さらに近づくとサッと巣あなに入り、身を守る。目撃例が少なく、まだなぞだらけの生きものだ。

▲生息深度 600m〜1900m

500m 1000m 2000m 3000m 4000m 5000m 6000m 7000m 8000m 9000m

くらべてみよう！

深海生物のさまざまな巣

イトエラゴカイ（166ページ）は熱水噴出孔※にすみかをつくり、ドウケツエビ（122ページ）は、ガラス細工のような海綿動物の中にすむ。オオタルマワシ（112ページ）はおそったえものを巣にしてしまう。

※海底にある、熱水がふき出す場所のこと

ぎょるい
魚類

ハンター
発光

アルミニウムのように銀色にかがやく

トガリムネエソ

ペラペラの体でかくれんぼ

腹部には12この発光器があり、カウンターイルミネーション（71ページ）をしている

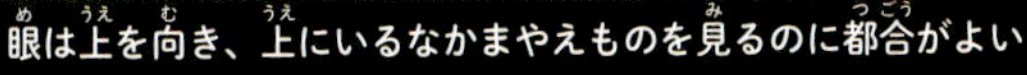
眼は上を向き、上にいるなかまやえものを見るのに都合がよい

体のあつさがほんの数ミリしかなく、正面や下から見るとぼうきれのようで敵から見つかりにくい。さらにアルミはくのような銀色の体は光を反射するため、まわりの光にまぎれて敵から見えにくい。まさにかくれんぼ名人だ。

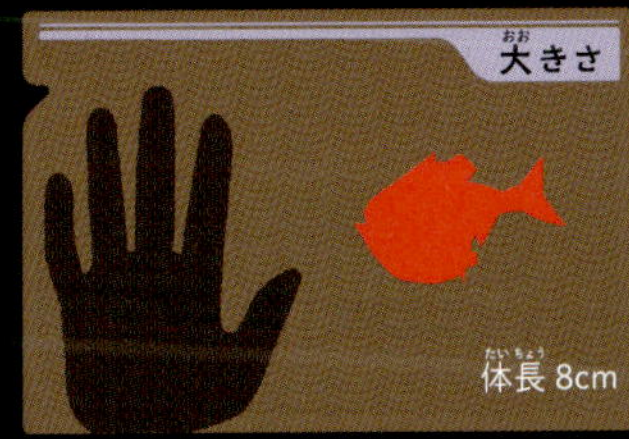

もっと知ろう!

発光器のいろいろな使い方

発光器の光には、自分のすがたをかくすだけでなく、なかまを見分ける役割もある。発光器の数や大きさ、ならび方は、魚の種類によってちがう。そのため自分と同じ光り方をしていれば、なかまだとわかる。

まめちしき　口の中にも発光器があり、その光でえものをおびきよせると考えられている

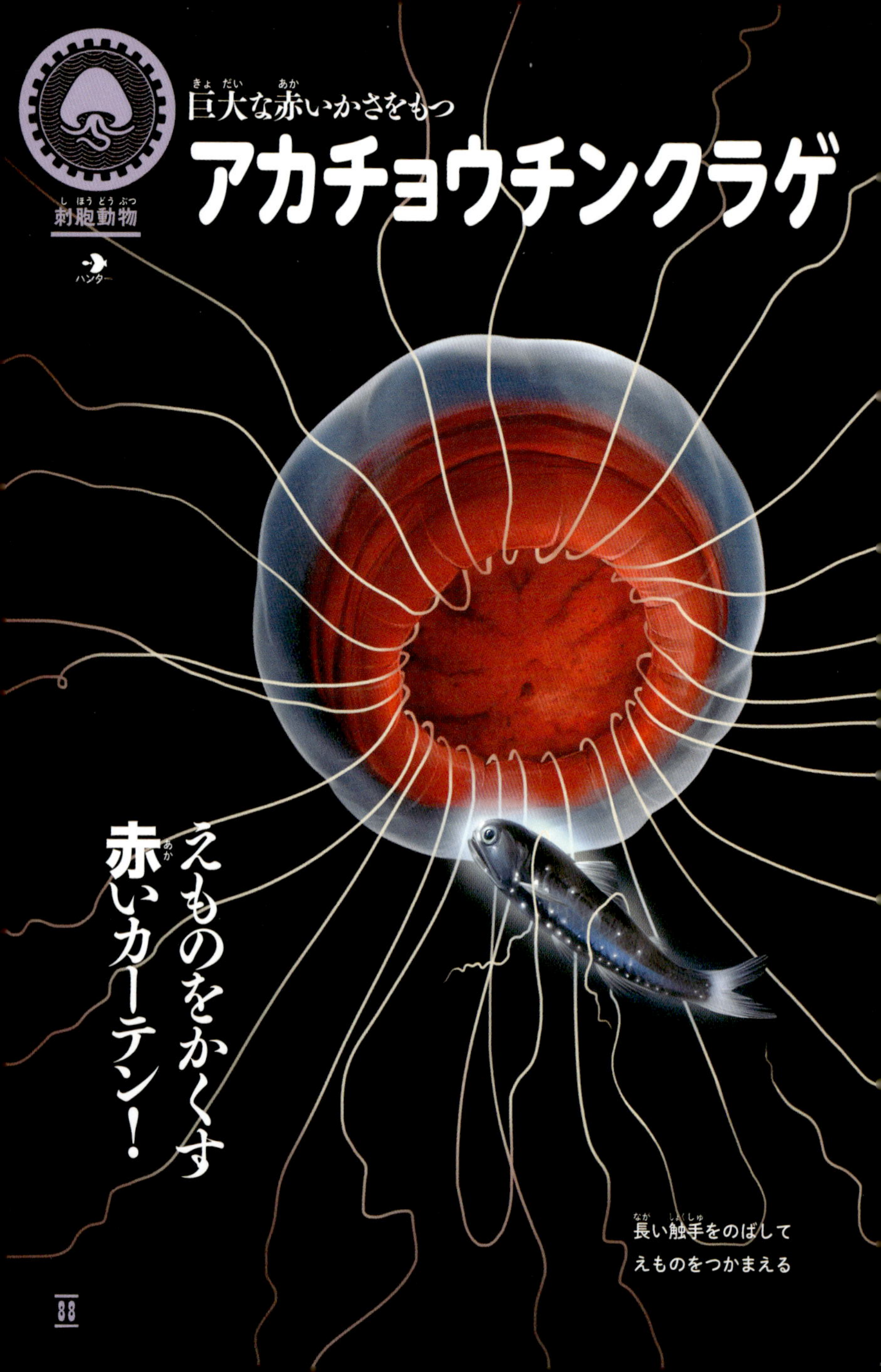
刺胞動物
ハンター
巨大な赤いかさをもつ
アカチョウチンクラゲ
えものをかくす
赤いカーテン！
長い触手をのばして
えものをつかまえる

かさをゆっくりとのばしたりすぼめたりして、水をはき出しながら泳ぐ

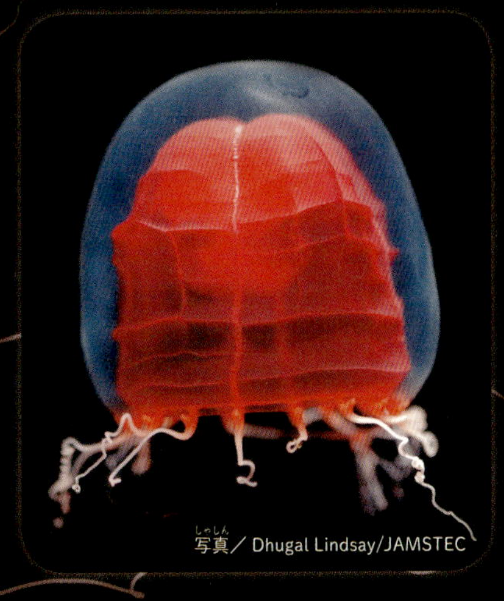

写真／ Dhugal Lindsay/JAMSTEC

とうめいなかさの内側に、さらに赤いカーテンのようなかさがある。深海には光る生物が多く、食べたえものが出す光で敵に見つかってしまうこともある。そのため水中では見えにくい赤い色のカーテンで、胃の中のえものの光をかくしていると考えられる。

大きさ

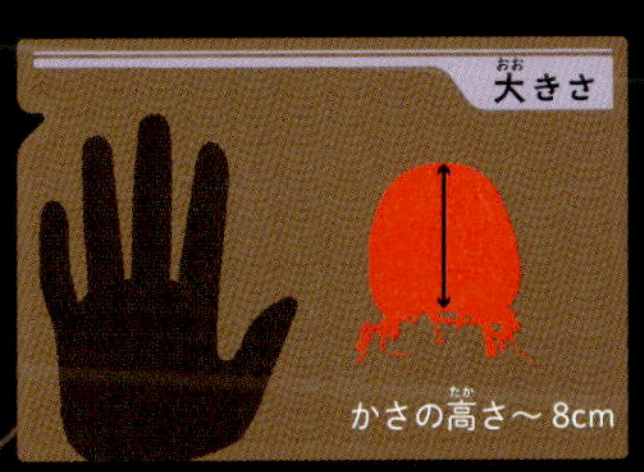

かさの高さ～8cm

生息地

太平洋北部、大西洋北部、南大洋

もっと知ろう！

赤色は深海では目立たない

赤色は地上では目立つが、深い海の中では見えにくくなる。太陽の光は、赤や緑、青など、たくさんの色がまざってできているが、赤い光は海の深くまでとどかない。そのため、赤いものは黒っぽく見えるのだ。

500m
1000m
2000m
3000m
4000m
5000m
6000m
7000m
8000m
9000m

▲生息深度 200m～2700m

まめちしき　かさには、さまざまな小さな生物がすみついている

節足動物

爆弾を発射するプランクトン

ガウシア

発射された発光物質は、1～3秒後にもっとも明るくなる

ターゲット発見!

食らえ！時限式閃光爆弾

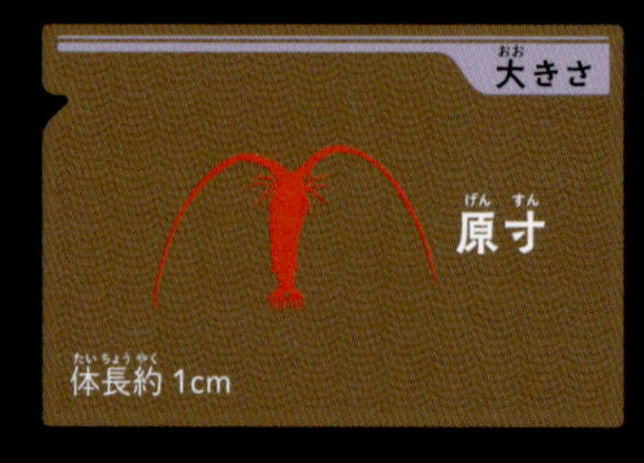

えさは自分より小さなプランクトンなど

カイアシ類というプランクトンの一種で、捕食者（自分を食べようとする敵）が多い。そこで身を守るために、敵におそわれると青く光る「時限爆弾」を発射する。発射された液体は１～３秒後に発光し、きょうれつな光で敵の目をくらます。

500m
1000m
2000m
3000m
4000m
▲生息深度 100m～4000m
5000m
6000m
7000m
8000m
9000m～

まめちしき ガウシアの発光物質は、医学の分野で役出つのではないかと期待されている

深海生物の身の守り方

深海ならではの「光マジック」

深海は暗い。深くなるにつれ、どんどん暗くなり、何も見えなくなる。そのため、深海には光る生物が多い。なかまどうしの合図や、えものをおびきよせるためなど、発光する理由はさまざまだ。

なかには、身を守るために光を使うものもいる。周りの暗さに合わせて、じょうずに光を利用している。

500m

1000m

2000m

3000m

4000m

120m — 210m

かげを消す

上からかすかに届くのと同じくらいの光を腹の発光器から出して、自分のかげをかくす

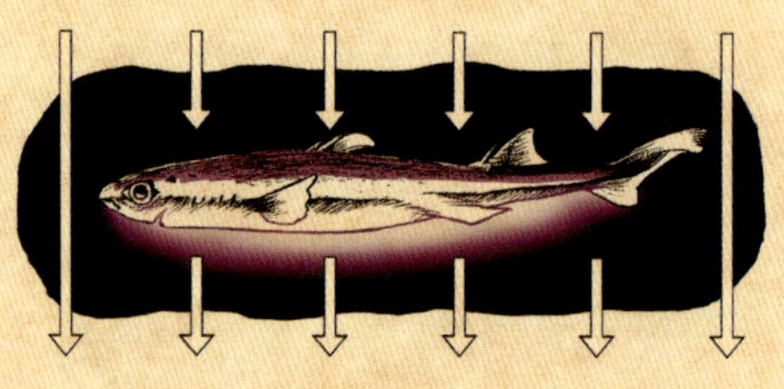

フトシミフジクジラ

500m — 1500m

敵の敵をよぶ

敵におそわれると青く光り、敵をおそってくれるさらに強い生物をよぶ

ムラサキカムリクラゲ

100m — 4000m

おどろかせる

時限爆弾方式の発光液を発射して、敵がおどろいているすきににげる

ガウシア

深海ならではの防衛術

深海には、浅い海とはちがった危険がある。そのため、独自の作戦で危険から身を守る生物たちが登場した。

たとえば……

危険①

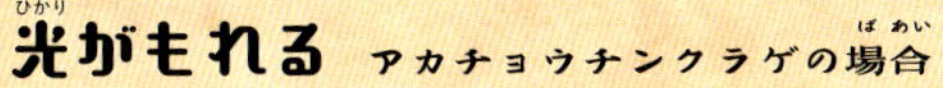

光がもれる アカチョウチンクラゲの場合

深海には発光する生物が多い。そのため体がとうめいだと、光るえものを食べたときにおなかの中から光がもれて、敵に見つかりやすくなる。

食べたものをかくすために、赤いカーテンのようなまくをもつようになった。

危険②

かくれる場所がない トガリムネエソの場合

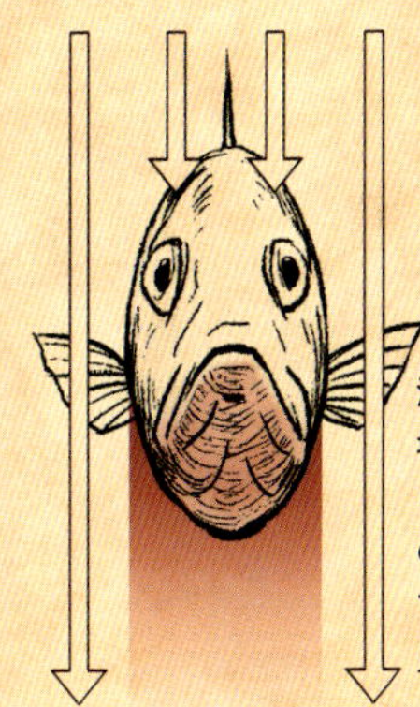

深海にはかくれる場所がなく、上からの弱い光で自分のかげができるので、下にいる敵に見つかってしまう。

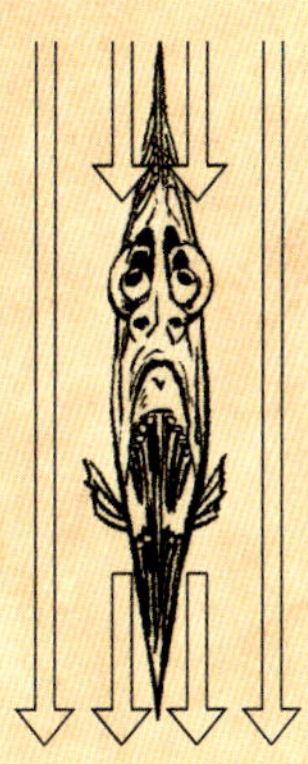

これで解決!

体をうすくし、さらに、腹部の発光器で上からの光と同じくらいの光を発して自分のかげを消すようになった。

博士のメモ③

地球最初の生命のなぞに迫る

　地球が誕生したのは、およそ46億年前。そして、最初の生命が生まれたのは、38億年ほど前と考えられている。生命が生まれたころの地球は、私たちがくらす現在の地上のような環境とはほど遠かった。地上のいたるところで火山が噴火し、酸素もほとんどなく、大量の紫外線がふり注いでいた。そのため最初の生物は、地上よりも環境が安定した海の中で生まれたと考えられている。

　その太古の海の中の環境に極めて近いとされるのが、深海の熱水がふき出す場所（熱水噴出孔）だ。そして現在、この熱水噴出孔の近くでは、メタン菌や好熱菌といった古細菌が確認されている。この古細菌こそ、地球最初の生命にいちばん近いのではないかと考えられているのだ。古細菌の調査を進めることで、近い未来、生命誕生のなぞが解明される日がやってくるかもしれない。

博士の 奇妙で美しい 深海生物コレクション

深海生物博士がとりためた、
秘蔵の写真コレクションを
こっそりお見せしよう。
へんだけど、きれい。
見れば見るほど、ふしぎ。
さて、君は何を思うだろうか……？
心ゆくまでじっくりと
観察してみてほしい。

とげ
とげ
とげ……

ミドリフサアンコウ

全長：20cm

撮影場所：相模湾

撮影深度：247m

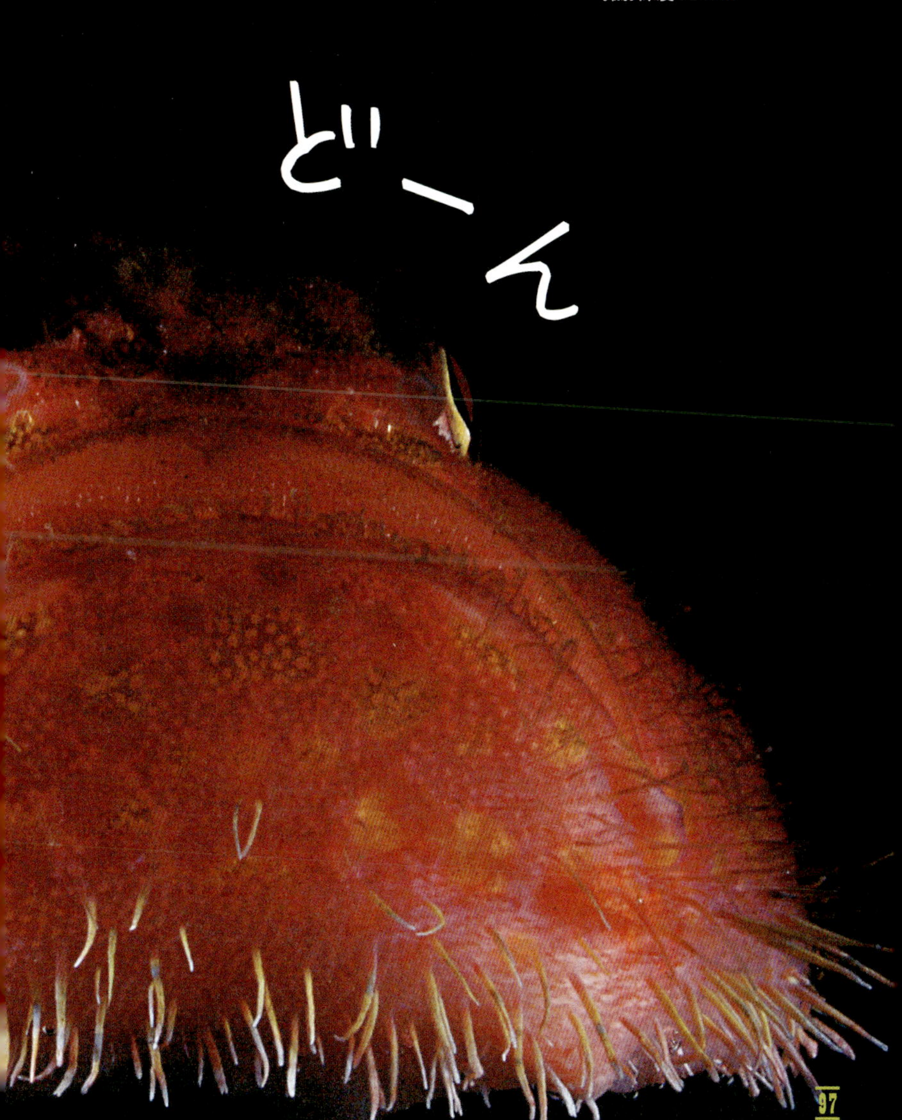

カワリオキヤドカリ
全長：4cm
撮影場所：南西諸島海溝
撮影深度：497m

ヒレギレイカの子ども
全長：2cm
撮影場所：沖縄トラフ
撮影深度：1520m

イガグリガニ
甲長：約 15cm
撮影場所：相模湾
撮影深度：250 ～ 300m

オニアンコウのなかま
全長（ぜんちょう）：20cm
撮影場所（さつえいばしょ）：相模湾（さがみわん）
撮影深度（さつえいしんど）：不明（ふめい）

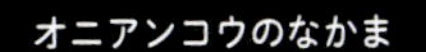

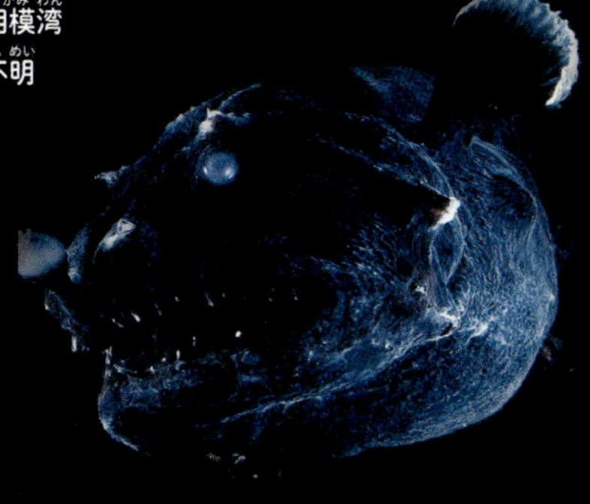

ざわ……
ざわ……

ホネクイハナムシのなかま
全長（ぜんちょう）：約（やく）2mm
撮影場所（さつえいばしょ）：相模湾（さがみわん）
撮影深度（さつえいしんど）：923m

ハダカエボシのなかま
全長（ぜんちょう）：約（やく）1.5cm
撮影場所（さつえいばしょ）：鹿児島県野間岬沖（かごしまけんのまみさきおき）
深度（しんど）：227m

ぬーっ

ヨコエビのなかま
体長：1cm
撮影場所：鹿児島県野間岬沖
撮影深度：217m

ウキナガムシのなかま
全長：8.7cm
撮影場所：岩手県宮古沖
撮影深度：433m

ニシキジンケンエビ
全長：約 5cm
撮影場所：南西諸島海溝
撮影深度：276m

ウミフクロウ
全長：3.2cm
撮影場所：鹿児島湾
撮影深度：200m

イソメのなかま
全長：5cm
撮影場所：南西諸島海溝
撮影深度：275m

イソギンチャクのなかま
全長：2cm
撮影場所：鹿児島県野間岬沖
撮影深度：217m

ケヤリムシのなかま
全長：1cm
撮影場所：福島沖
撮影深度：212m

アナゴのなかま
（子ども）
全長：10cm
撮影場所：鹿児島沖
撮影深度：不明

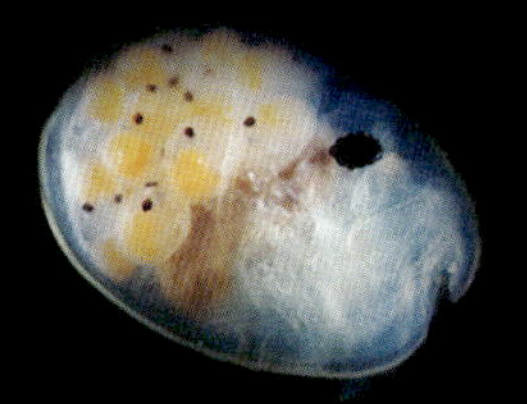

貝形虫のなかま
全長：3mm
撮影場所：三陸沖
撮影深度：442m

スケスケスケルトン

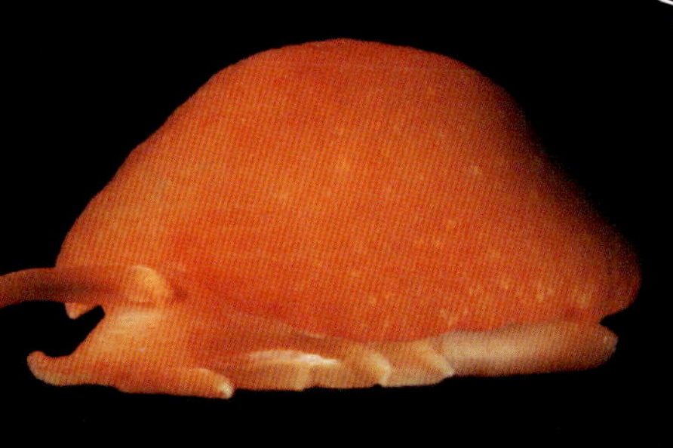

カメノコフシエラガイ
全長：約 5.4cm
撮影場所：岩手県大槌沖
撮影深度：450m

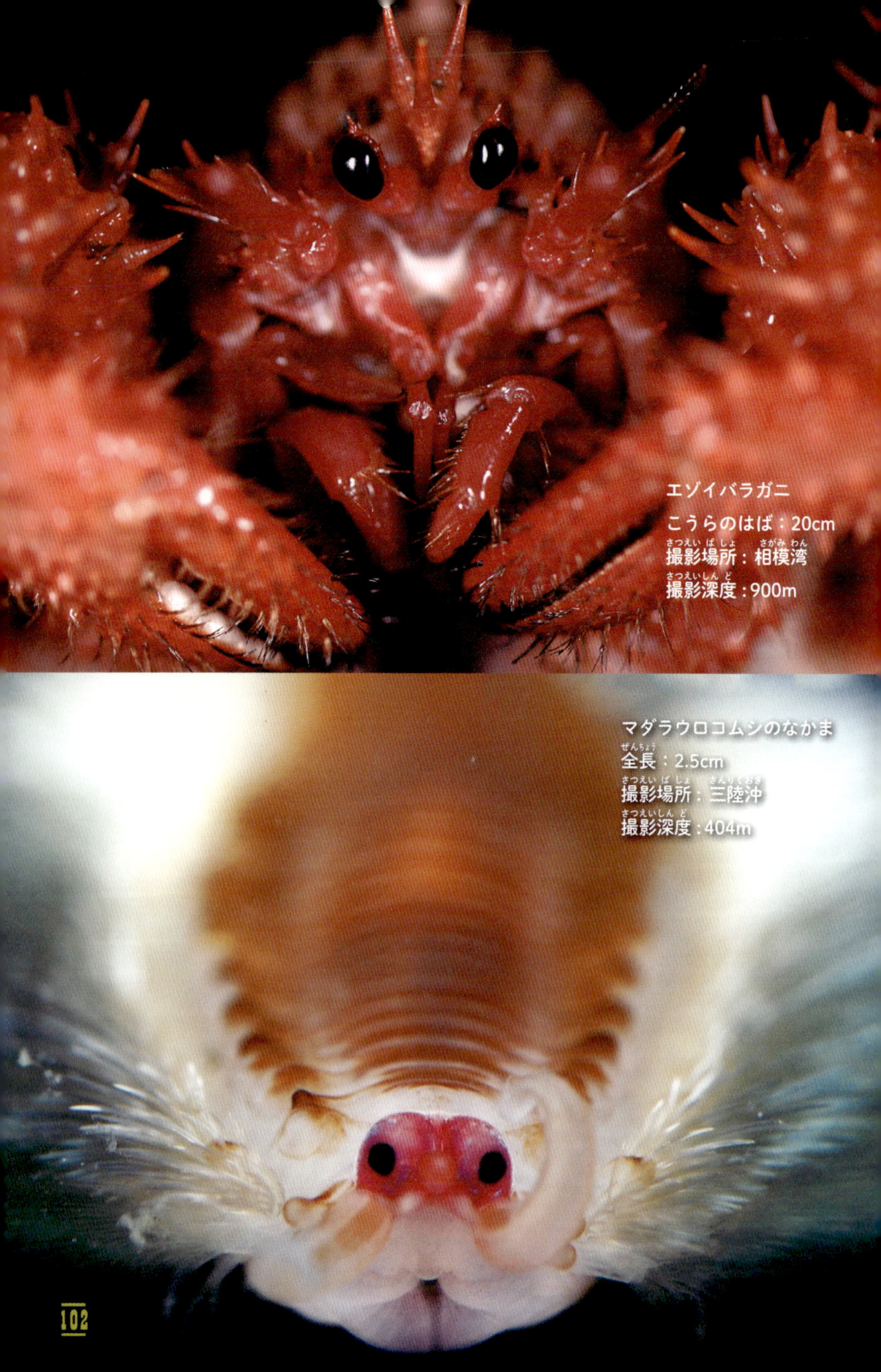

エゾイバラガニ
こうらのはば：20cm
撮影場所：相模湾
撮影深度：900m

マダラウロコムシのなかま
全長：2.5cm
撮影場所：三陸沖
撮影深度：404m

スザクゲンゲ
全長：12cm
撮影場所：相模湾初島沖
撮影深度：925m

オオグソクムシ
全長：10cm
撮影場所：相模湾
撮影深度：495m

ゴエモンコシオリエビ
こうらの長さ：3cm
撮影場所：沖縄トラフ
撮影深度：980m

イボツノガニ
こうらの長さ：1cm
撮影場所：鹿児島県野間岬沖
撮影深度：225m

ヨコエソ
全長：不明
撮影場所：鹿児島南方沖
撮影深度：不明

ユノハナガニ

こうらのはば：6cm

撮影場所：北マリアナ諸島海域日光海山

撮影深度：450m

ウラナイカジカのなかま

全長：18cm

撮影場所：相模湾

撮影深度：906m

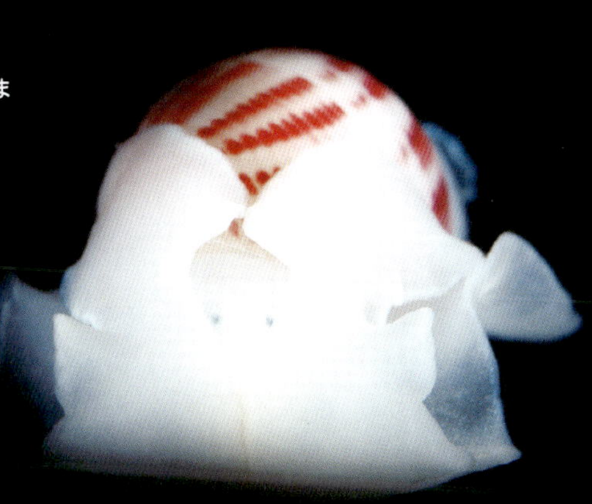

ベニシボリガイのなかま

全長：3.5cm

撮影場所：鹿児島県野間岬沖

撮影深度：226m

ベニハゼのなかま

全長：約 2cm

撮影場所：南西諸島海溝

撮影深度：269m

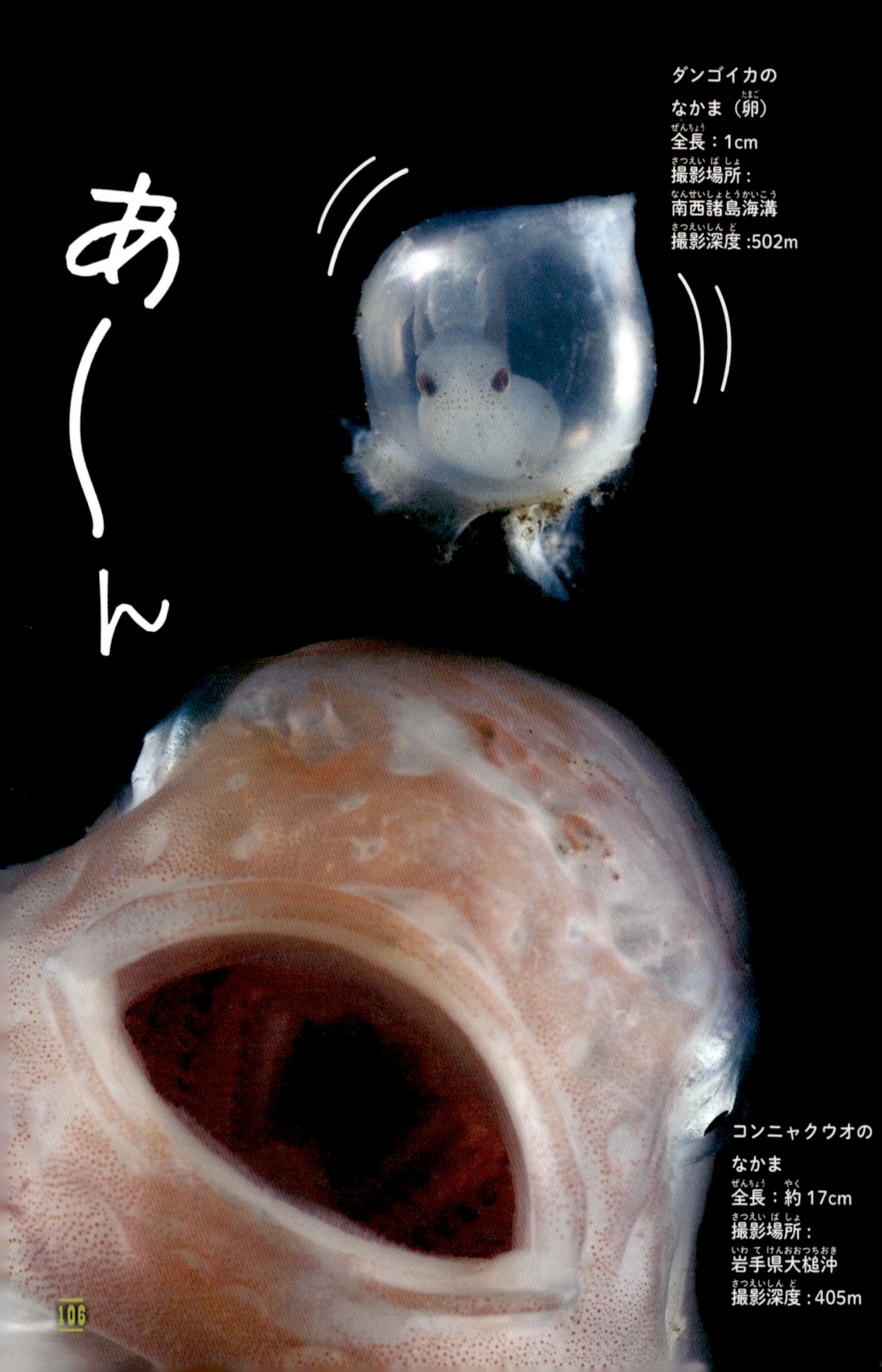

ダンゴイカのなかま（卵）
全長：1cm
撮影場所：南西諸島海溝
撮影深度 :502m

コンニャクウオのなかま
全長：約 17cm
撮影場所：岩手県大槌沖
撮影深度：405m

File4 繁殖・交尾

この生きものを探せ！

怪奇！
合体して
1匹になる魚

ちょうちんの先が光る

メスの体に「いぼ」のような
ものがついている

体のあちこちに「いぼ」のようなものがある、ふしぎな魚が発見された。いぼの正体は何なのだろうか？　この魚はメスにくらべてオスがとても小さいらしく、そのあたりになぞをとくヒントがありそうだ……。

さらに調査を進めると、深海には信じられないような方法で子どもを産んだり育てたりする生きものがいることがわかった。

4億年前からすがたがかわらない

ゾウギンザメ

魚類

20cm もある巨大な卵

エイリアンの卵!?

脊椎動物※の中でもっとも進化のスピードがおそく、4億年前からほぼ同じすがたのままだ

大きな胸びれを上下にふってはばたくように泳ぐ

500m

▲生息深度200m～500m

1000m
2000m
3000m
4000m
5000m
6000m
7000m
8000m
9000m

名前のとおり、頭の先がゾウの鼻のように長い。これを使って砂の中の貝などを見つけて食べる。春になると、ふしぎな形の卵を海底にうみ落とす。まれに海岸に卵が打ち上げられることもあるという。

くらべてみよう!

深海は「生きた化石」の宝庫

ラブカ（118ページ）やタカアシガニ（150ページ）、ゲイコツナメクジウオ（176ページ）など、深海には大昔からすがたのかわらない生物が多くいる。はげしい生存競争をさけて敵の少ない深海で生き残ったのだ。

※人間のように背骨がある動物のこと

魚類

ハンター

レア

望遠鏡のような眼をもつ

ボウエンギョ

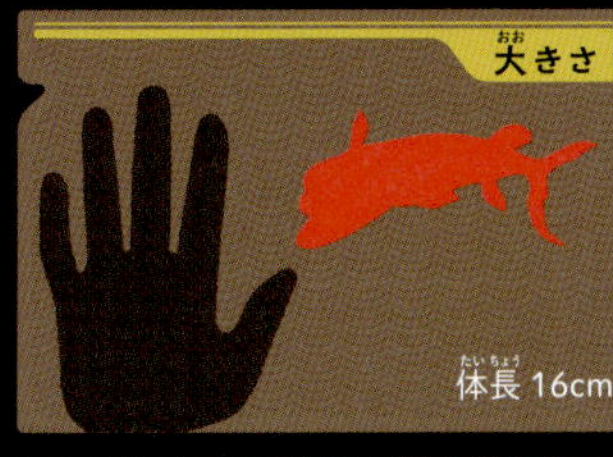

1ぴきで、オスとメス両方のはたらきをもつ。これを「雌雄同体」という。あるときはオスの役、あるときはメスの役になって卵をうむことで、オスとメスがなかなか出会えない深海でも子どもを残す確率を高められるのだ。

500m 1000m 2000m 3000m 4000m 5000m 6000m 7000m 8000m 9000m

▲生息深度 500m〜3500m

くらべてみよう！

雌雄同体の生きものたち

自然界にはほかにも雌雄同体の生きものがたくさんいる。File1で紹介したヤムシ（32ページ）のほか、身近な生きものではカタツムリやミミズも雌雄同体だ。いずれも精子を相手にわたし、両方とも卵をうむ。

まめちしき 望遠鏡のような眼は、うす暗い海で遠くのえものをさがすのに有利だ

タルの中で子育てするエイリアン

オオタルマワシ

移動するときは母親が外に出て、タルをかかえて泳ぐ

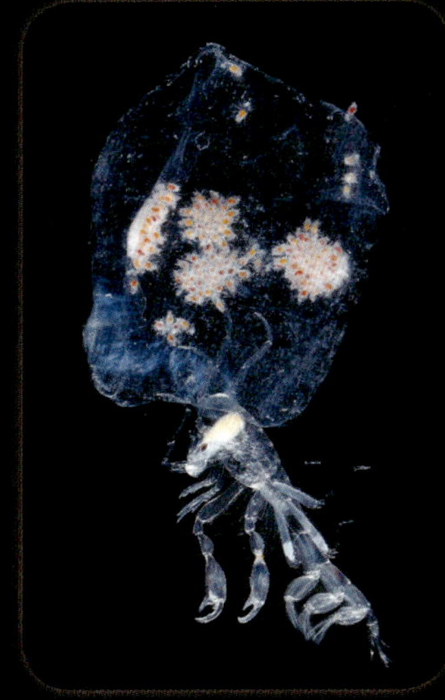

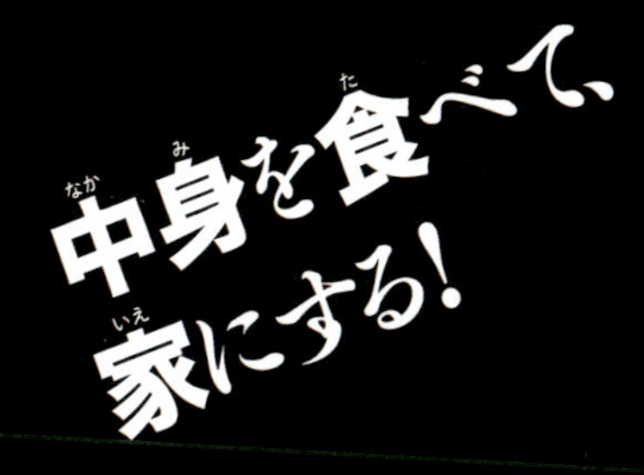

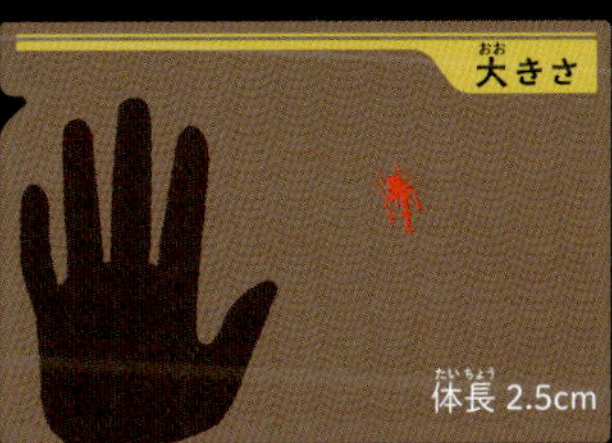

生息地
世界各地の海

とうめいなタルのようなものは、もともとはサルパという別の生きもの。おそろしいことに、オオタルマワシは、サルパをおそって中身を食べた後、外側を巣として利用する。タルの中に卵をうみ、安全に子育てをするのだ。

500m
1000m
2000m
3000m

7000m
8000m
9000m～

くらべてみよう!

ほかの生物の体を利用する生きもの

オオタルマワシのほかにも、ほかの生物の体を利用する生きものがいる。たとえば川辺にすむハリガネムシは、カマキリなどにわざと自分を食べさせ、おとなになるまでその昆虫の体内で栄養をもらって成長する。

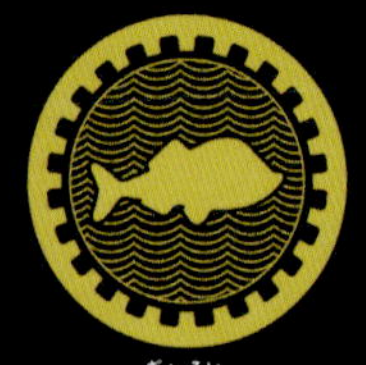

ぎょるい
魚類

ハンター
レア

コンニャクみたいにやわらかい

ヒメコンニャクウオ

エゾイバラガニ

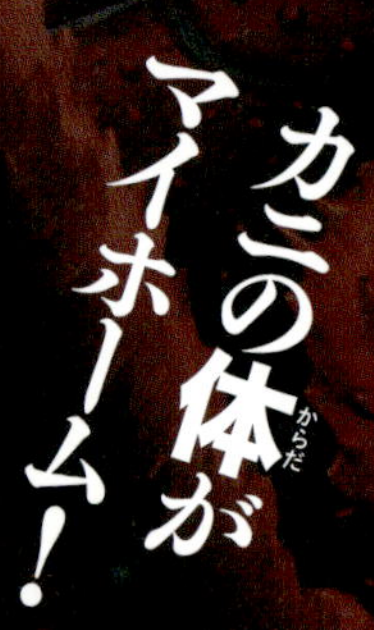

体から「卵管」という細い管をのばして、こうらの内側に卵をうむ

下半身をくねくねと動かし、オタマジャクシのように泳ぐ

うろこがなく、体全体がぶよぶよしている。腹には岩などにくっつくための吸盤があり、産卵時にはこれを使ってエゾイバラガニにくっつき、こうらの内側に卵をうみつける。かたいこうらは、子どもにとって安全な家になるのだ。

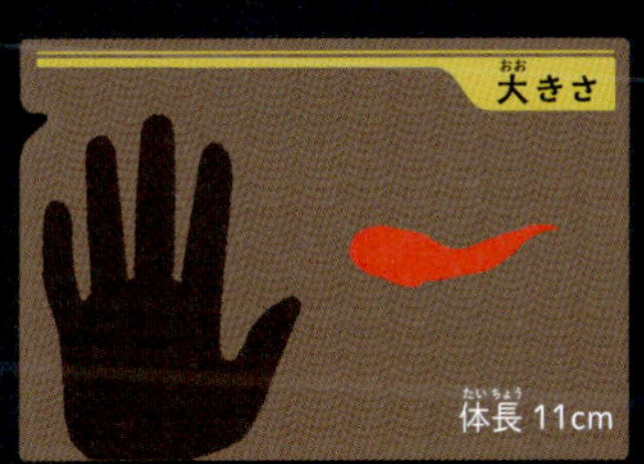

500m
1000m
2000m
3000m
4000m
5000m
6000m
7000m
8000m
9000m~

▲生息深度 520m～1100m

くらべてみよう！

うろこのない魚たち

多くの魚にはうろこがあるが、ヒメコンニャクウオと同じようにうろこのない魚もいる。ナマズやチョウチンアンコウはうろこのかわりにぬるぬるした粘液を出し、にげやすくすることで身を守っている。

まめちしき ヒメコンニャクウオは、2008年に日本で発見された新種の魚だ

節足動物

まちぶせ

全身足だらけ

ベニオオウミグモ

胴体より長い「吻」。これをえものの体にさして、体液をすいこむと考えられる

ウミグモのなかま。
オスは足に卵をからめてかたまりにし、幼生になるまで育てる

クモのようだが、「皆脚類」という別の生きもの。メスが卵をうむと、オスは「セメントせん」という接着剤のような液体を出して、自分の足に卵をくっつけて守る。

500m
1000m
2000m
3000m
4000m
▲生息深度 700m〜4000m
5000m
6000m
7000m
8000m
9000m

のぞいてみよう！

内臓はどこに入っているの？

ふつうは腹の中に入っている消化器や卵などが、ベニオオウミグモの腹には入りきらない。そのため細い足の中に、消化器や卵が枝分かれして入っている。

まめちしき 「皆脚類」の皆脚とは、「体の全部が足」という意味だ

魚類

ハンター

レア

地球でいちばん妊娠期間が長いサメ

ラブカ

おもにイカなどをつかまえて食べている

出産するまでじっくり3年半!

フォークのように先が3つに分かれた歯が300本も生えている

赤いエラがスカートのフリルのように見えることから、「Frilled shark」（フリルをもったサメ）というかわいい英名をもつ

大きさ

全長 2m

生息地

太平洋、インド洋、大西洋

深海では、多くの生物は、ゆっくり成長すると考えられている。ラブカはとくに妊娠期間が長く、なんと3年半もおなかの中で子どもを育てるといわれている。これは地上でもっとも妊娠期間が長いとされるアフリカゾウの2倍にもなる。

まめちしき　日本の駿河湾や相模湾でも目撃されている

軟体動物

ハンター

レア

世界一愛情深い

テカギイカ

死ぬまでわが子を守り続ける！

泳ぎ続けるのは、新鮮な酸素をたえず卵に送るためとされる

卵が1こ1こくっついて、束のようになっている

卵をかかえていないときのすがた

2000 ～ 3000 こもの卵を大きな布のようにまとめ、それをうでにかかえて泳ぎ続ける。卵をかかえているあいだはえものをとれないため、母親は何も食べずにひたすら卵を守り続ける。そして卵が無事にかえるころ、力つきて死んでしまう。

生息深度 5m～1300m

くらべてみよう！

イカの子育ての仕方

イカは卵を海そうの根元やサンゴのあいだなどにうみつけるものが多く、親が卵の世話をするものは知られていなかった。テカギイカのように、卵をかかえて守るものは、初めて発見されたのだ。

まめちしき　北海道の知床の海でも、まれに見ることができる

節足動物

ふたりの愛の巣はカイロウドウケツ

ドウケツエビ

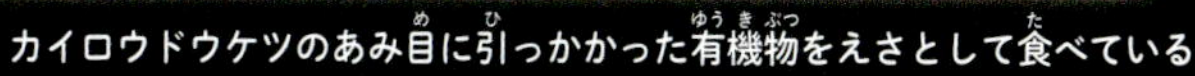

カイロウドウケツのあみ目に引っかかった有機物をえさとして食べている

カイロウドウケツという海綿動物の中に、オスとメスが夫婦ですむ。かれらは、子どものうちにカイロウドウケツのあみ目をくぐって中に入り、ふつうはその中で一生をすごす。大きくなるとあみ目をくぐれなくなるが、カイロウドウケツの体をやぶって出入りすることもまれにあるという。

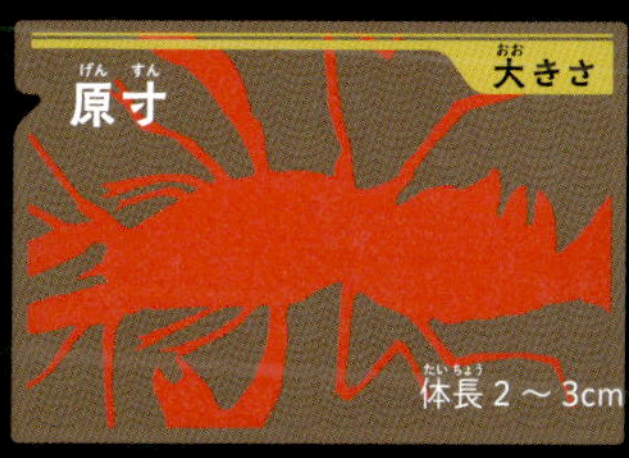

▲生息深度 150m~1000m

500m
1000m
2000m
3000m
4000m
5000m
6000m
7000m
8000m
9000m~

もっと知ろう!

結婚のお祝いにもなった「ビーナスの花かご」

カイロウドウケツの英名は「venus' flower basket」(ビーナスの花かご)。美しいガラス細工のようなすがたから、かんそうさせたものは、結婚祝いのプレゼントにもされたという。

まめちしき 深海の海綿動物にはタテゴトカイメン(28ページ)など、さまざまな形のものがいる

性転換(せいてんかん)する魚(さかな)

ヨコエソ

魚類(ぎょるい)

オスは、においで
メスを探(さが)す

大(おお)きくなったら性別(せいべつ)をチェンジ！

7～9cm になる
とメスになる

発光生物を食べていることから、視覚でえものを探していると考えられる

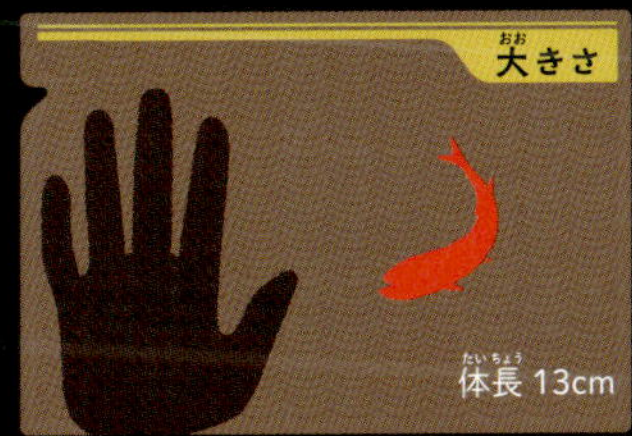

卵をたくさんうむには、大きな体のほうが有利だ。そこでヨコエソは、小さなうちはオスとして交尾し、大きな体に成長したらメスに性別をかえて、子づくりをおこなう。こうすることで、たくさんの子孫をうみ、生き残りやすくしているのだ。

▲生息深度 390m～4400m

性転換にもいろいろある

ヨコエソとは逆で、ホンソメワケベラはメスからオスに性別がかわる。大きなオスがたくさんの小さなメスとくらして子孫を残すのだ。オスがいなくなると、メスのなかでいちばん大きなものがオスにかわる。

まめちしき　オスからメスにかわるあいだに、オスとメス両方のはたらきをもつ時期もある

節足動物

まちぶせ

子ぼんのうな甲殻類

ワレカラ※

生まれてからしばらくのあいだ、子どもたちは母親の体にしがみついて生活する

体の上で子育て中

メスは腹がふくらんでおり、この中で卵がかえる

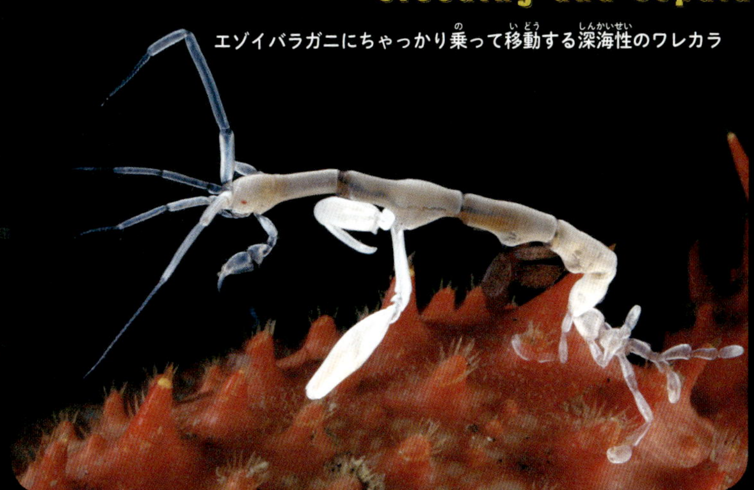

エゾイバラガニにちゃっかり乗って移動する深海性のワレカラ

オスは、産卵しそうなメスを見つけると、ひとりじめしようとかかえこむ。これは「交尾前ガード」といって、確実に交尾を成功させるためにとる行動とされ、ほかの甲殻類のなかにも見られるとくちょう。たまに、別のオスがメスをうばいにきて戦いになることもある。

大きさ

生息地

▲生息深度 0m ～ 2800m

500m 1000m 2000m 3000m 4000m 5000m 6000m 7000m 8000m 9000m～

もっと知ろう！

ワレカラの名前の由来

ワレカラの名前は、昔、食塩をつくるために海そうを焼いたとき、海そうについているワレカラが火に焼かれて体の殻がわれてはじけるのをよく目にしたことから、「われ殻」と呼ばれるようになったとされる。

※ 浅い海から深海までたくさんいるワレカラのなかまについて紹介する

魚類

ハンター
わな
発光

オスがメスにくっつく

ミツクリエナガチョウチンアンコウ

ターゲット発見!

メスには光るつりざおがあり、えものをおびきよせてのみこむ

メスにくらべて、オスの体はかなり小さい。オスはメスを見つけると、体にかじりついて離れなくなる。しばらくすると2ひきの皮ふや血管がつながり、合体しはじめる。オスはメスから栄養をもらいながら、精子をわたし子づくりにはげむ。役目を終えたオスは、やがてメスのいぼのようになってその一生を終える。

大きなメスと

1匹のメスに、2匹以上のオスがついていることもある

500m
1000m
2000m
3000m
4000m
5000m
6000m
7000m
8000m
9000m

▲生息深度500m〜1250m

写真はチョウチンアンコウのなかま。頭から長いつりざおがのびている

小さなオスが合体！

深海生物の交尾と子育て

子どもを残す“作戦”いろいろ

深海には生物が少ないので、同じ種類のなかまに会うのがむずかしい。つまり、出会いが少ないのだ。しかも、暗くて水圧が高く、食べるものも少ないので、子育てするのもたいへんだ。そんななか、深海生物たちは工夫をこらした作戦で命をつないでいる。

作戦①

性別のかべをこえる

あるときはオス あるときはメス

ボウエンギョは1匹でオスとメス両方のはたらきがある。そのため、2匹が出会えば、性別を気にすることなく卵がうめる。

作戦②

一心同体になる

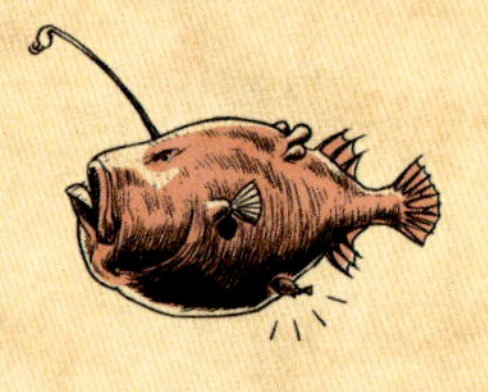

命がけで子孫を残す

ミツクリエナガチョウチンアンコウのオスは、メスを見つけるとかじりついてくっつく。そして、そのまま一生はなれなくなる。

目的

きちょうな出会いをムダにしない

作戦③

卵を死守する

24時間はなさない！

テカギイカは卵を足にかかえて泳ぐ。卵がかえるまでの間、足を動かして酸素を送りながら肌身はなさず守り続ける。

目的

やっと生まれた卵をしっかり守る

バラエティ豊かな理由

じつは、浅い海より深海のほうが、生物の種類は多い。暗く冷たく高圧で、生物が生きるのがむずかしい場所なのに、なぜなのだろう。

その環境に合ったものが大量に増え、合わないものは生き残れないので、生物の量は多いが種類は少ない。

ところが、深海では…… 生物の数が少なく、えさも多くない

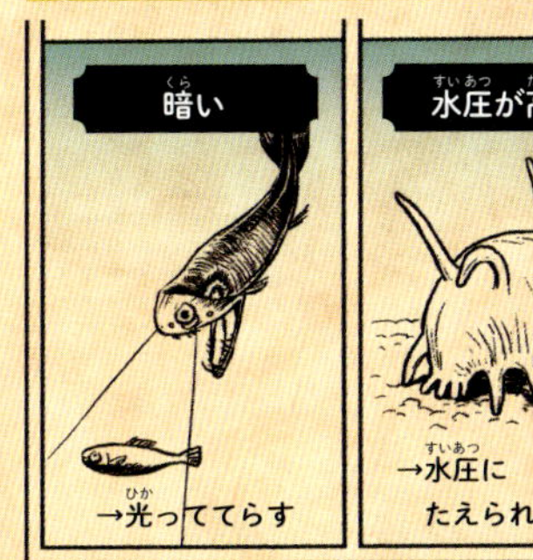

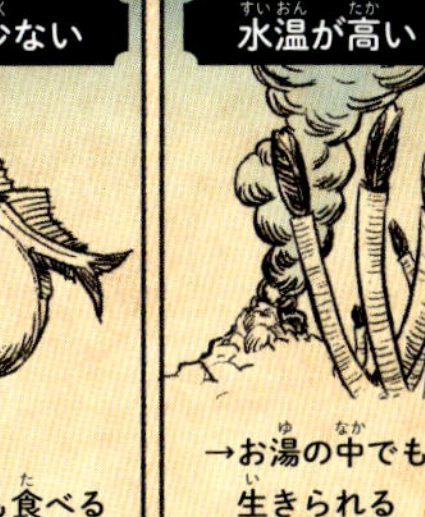

そのため、さまざまな環境に合わせて体を進化させた生物が生まれた。環境のちがいが大きいため、生物の種類が多くなったと考えられている。

環境ごとに独自の進化をとげた！

博士のメモ④

深海生物を食べてみよう！

深海生物は、直接見ることさえむずかしいイメージがあるかもしれないが、じつは私たちは、それと気づかずに食べている。たとえばホタルイカやキンメダイ、ベニズワイガニなどだ。これらは、全国の魚屋やスーパーでかんたんに買える。ホタルイカはさっとゆがいて酢のものに、キンメダイは煮つけに、ベニズワイガニは鍋にして食べるとおいしい。また、魚の身をすりつぶしてつくるはんぺんやかまぼこも、メヒカリやニギス、スケソウダラといった深海魚を使うことが多い。

日本は「深海生物の宝庫」といわれており、昔から深海生物の漁がさかんだ。周りを海に囲まれているほか、岸から短距離で水深が深くなるため、深海生物が沿岸近くまであがってくるのだ。

ちなみに静岡県には、深海生物の料理を出す食堂もあるそうだ。一度チャレンジしてみては……？

File5

成長・巨大化

この生きものを探せ！

追跡！
幻の巨大イカ

昔から船乗りたちにおそれられてきた、巨大な「海の魔物」。どうやらその正体は、信じられないほど大きいイカらしい。しかし、生きたすがたがほとんど目撃されないばかりか、生態もなぞだらけのようだ。

さらに、成長するにつれおどろくほど巨大になったり、すがたがまるで変わってしまったりする生きものもいるという。さっそく調べてみよう。

おとなになると、ほとんど動かない

コトクラゲ

長い触手をゆらゆらとなびかせてえものをつかまえる

オレンジや黄色、あずき色の水玉もようなど、色とりどりだ

海底をいろどるカラフルな花びら!?

同じ種でも個体によって色やもようがちがう、ふしぎなクシクラゲ。ふだんは海底の岩などにくっついてじっとしている。長いべたべたした触手でプランクトンなどをつかまえて食べる。

岩や海底にしずんだ人工物の上にくっついて生活しているものも多い

▲生息深度 70m～230m

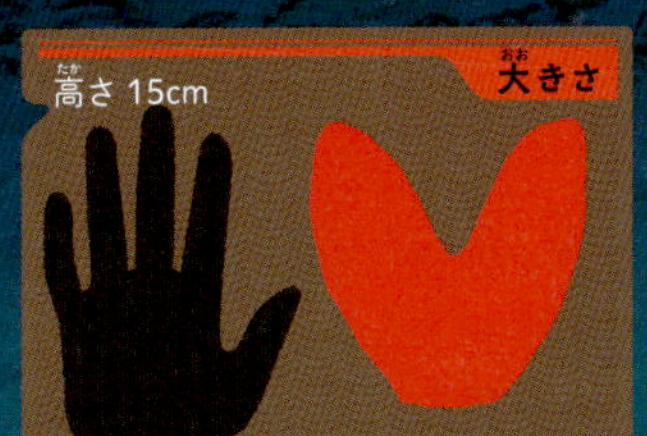

まめちしき 子どものときは泳げるが、おとなは はうことしかできない

魚類（ぎょるい）

ハンター

発光

左右（さゆう）に眼（め）が飛（と）び出（だ）している

ミツマタヤリウオ

あやしく動（うご）く
なが〜い眼（め）

体（からだ）はほとんど
とうめい

筋肉（きんにく）でできていて、
自由（じゆう）に動（うご）かせる

写真はメスの成体。おとなになると、オスよりもメスのほうが５～７倍も大きくなり、ひげが生える。ひげの先を光らせて、えものをおびきよせる

子どものときは、眼が左右に長く飛び出ている。これは、えものを探すのにも、敵を見つけるのにも有利だと考えられている。成長するにつれて眼は引っこんでいき、おとなになるとほかの魚と同じように頭におさまる。

▲生息深度 0m～1100m

500m
1000m
2000m
3000m
4000m
5000m
6000m
7000m
8000m
9000m～

もっと知ろう！

メスのほうが大きい理由

ヒトの場合、男（オス）のほうが女（メス）よりも体が大きいことが多い。でも、生きもの全体ではメスが大きい種も多い。メスの体が大きければ、それだけ体内でたくさんの卵をつくれるからだ。

まめちしき おとなと子どもでぜんぜんすがたがちがうので、それぞれ別の魚だと思われていた

節足動物

とうめい

おとなになるとクワガタそっくり

ウミクワガタ※

小さな吸血鬼、参上！

体はとうめいに近い

大きさ

原寸

全長数 mm ～ 1cm

生息地

世界各地の海

クワガタにとても似ているが、エビやカニのなかまだ

子どものうちは、泳いでいる魚に口をつきさし、血を吸って生きる。おなかがいっぱいになると海底におりて脱皮し、おなかがすくとまた吸血。これを3回ほどくりかえして成長する。おとなになると何も食べず、子孫を残すためだけに生きる。

500m
1000m
2000m
3000m
4000m
5000m
6000m
7000m
8000m
9000m

▲生息深度 0m～4500m

もっと知ろう！

海や陸の吸血生物たち

血液は栄養がたくさんふくまれていて、天然の栄養ドリンクのようなもの。ヤツメウナギは、魚の体にすいついて血をすう。また、ほかの鳥の血をすうハシボソガラパゴスフィンチという鳥もいる。

※ここではウミクワガタのなかまのうち、深海にすむウミクワガタのなかまを紹介している

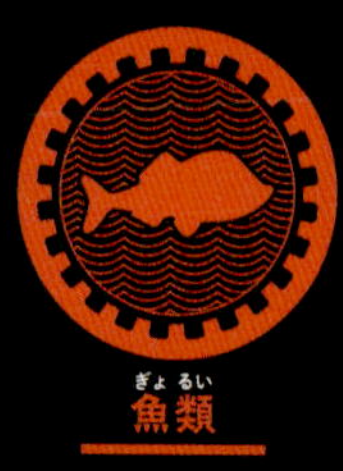

魚類

ハンター

角が生えた魚

オニキンメ

おとなになると、さらにいかつい顔になる。体の両面にたくさんのみぞがあり、これで水の動きを感じる

子どものときは、顔が真っ赤で、鬼のように角が生えていることから「オニキンメ」の名前がついた。おとなになると、上下のあごから巨大な牙が生える。あまりの長さに、口をぴったりと閉じることができないらしい。

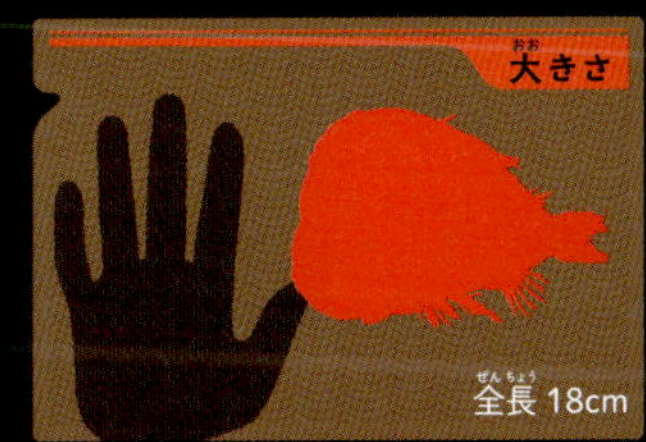

▲生息深度 500m〜2000m

もっと知ろう！

なぜ、子どもとおとなですがたがかわるの？

身近な例では、カエルやトンボ、チョウなども、子どもとおとなでまったくちがうすがたになる。これは食べものや生活環境、行動などを大きく変化させることで、より生き残りやすくするためとされる。

まめちしき 子どものころは色がうすく、おとなになると黒くなる

深海のそうじ屋

ダイオウグソクムシ

死肉を食らう巨大ダンゴムシ！

ダンゴムシといえば小さくてかわいらしいイメージだが、深海のダンゴムシであるダイオウグソクムシは小型犬のチワワほどの大きさになる。「深海のそうじ屋」ともよばれ、死んで海底に落ちてきた魚などを食べているが、飼育下では共食いすることもあるという。

危険を感じると、U字形に体を丸める

ふだんは海底を歩くが、後ろのほうの足を使って、じょうずに泳ぐこともできる

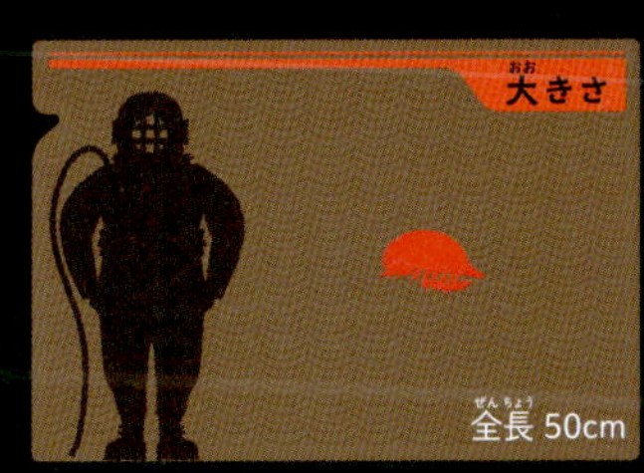

▲生息深度 30m～2100m

くらべてみよう！

ダンゴムシの大きさくらべ

ふだん目にするオカダンゴムシは、体長1～1.5cmほどの大きさだ。日本近海にもいるオオグソクムシは10倍の10～15cm。ダイオウグソクムシはさらにその4倍近くの50cmくらいになる。

まめちしき 水族館で5年間絶食したものもいる

世界一なが〜い動物

マヨイアイオイクラゲ

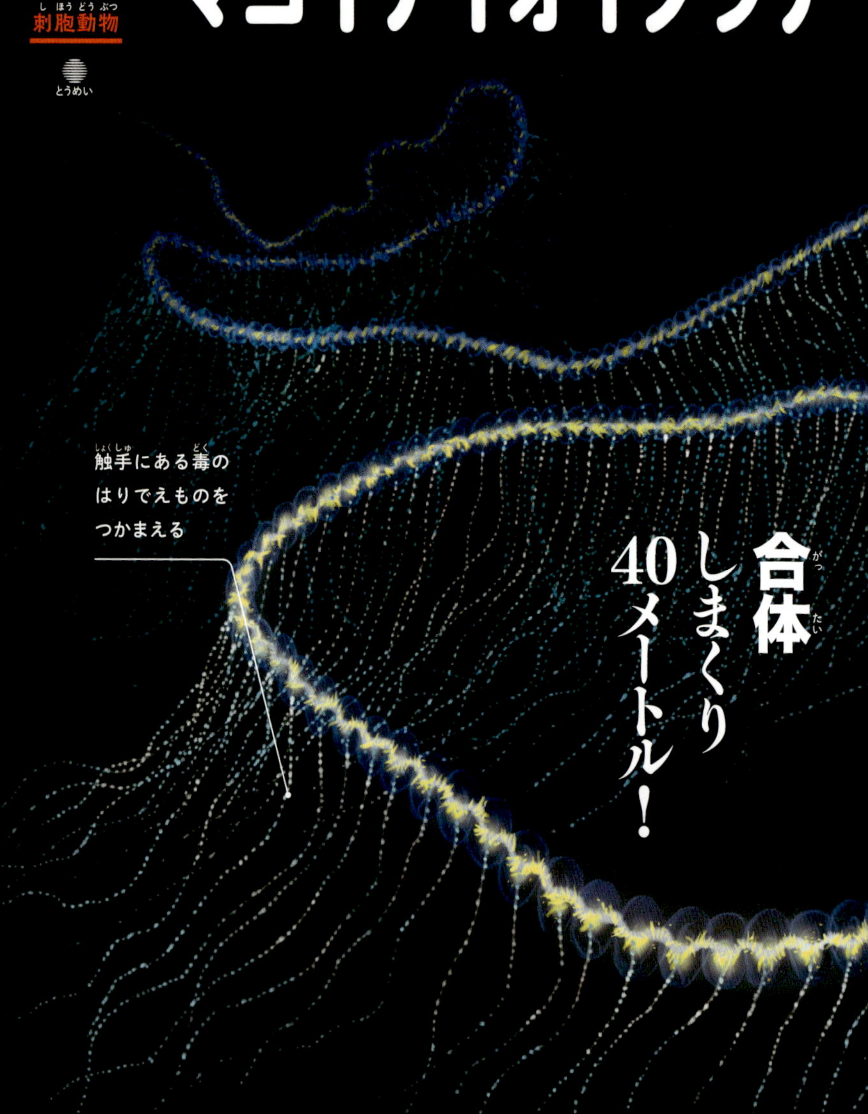

世界最大の動物であるシロナガスクジラよりも長く、40mにもなるという

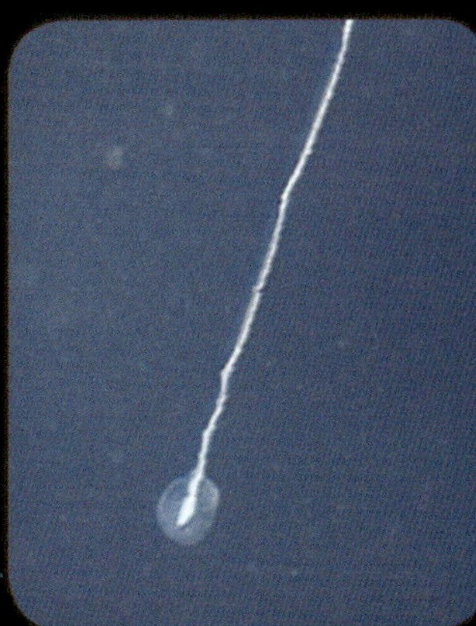

ここから水を出して泳ぐ

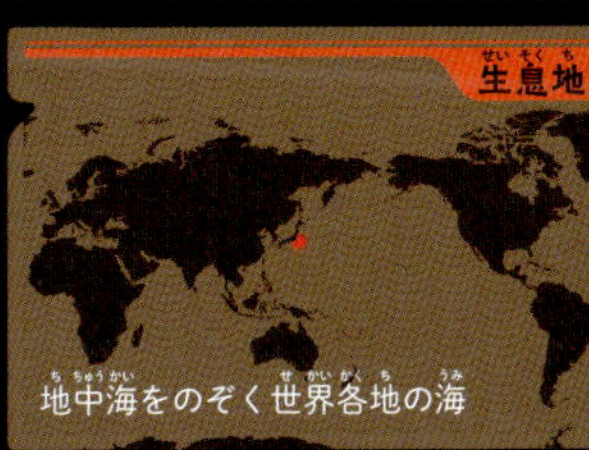

生息深度 8m～3300m

小さな個体がたくさん集まって、ひとつの「群体」として生きる。世界でもっとも長い動物といわれる。体をつくる小さな個体は、それぞれ「えものをとる」「消化する」など役割が分かれている。

まめちしき 群体として生きるクラゲは、クダクラゲとよばれている

魚類

何でも食べる深海の巨大ハンター

カグラザメ

食えるものは何でも食う！

口にはさまざまな形の歯がある

潜水艇の前に用意されたえさにおびきよせられることも

深海のサメとしては最大級で体長は3〜5mもある。速くはないが、大きな体で力強く泳ぐと考えられる。昼間は深海にいるが、夜は海面近くまで上がってきてえさを食べることもある。大きな体をささえるため、何でも食べる。

500m
1000m
2000m
3000m
4000m
5000m
6000m
7000m
8000m
9000m〜

▲生息深度 1m〜2500m

もっと知ろう！

エレベーターのように移動する生きものたち

カグラザメ以外にも、ヤムシ（32ページ）やサクラエビ、ハダカイワシなど、昼間は深海に身をかくし、敵に見つかりにくい夜になると、浅い海に移動してえさを食べる生物がいる。これを「日周鉛直移動」という。

まめちしき カグラザメは、古いタイプのサメのとくちょうをもっている

刺胞動物

世界最大級の肉食クラゲ

スティギオメデューサ

大きな触手でえものをとっていると考えられる

不気味にただよう
なぞの巨大クラゲ

うでを広げると、まるでカーテンが水の中をゆらゆらとただよっているように見える

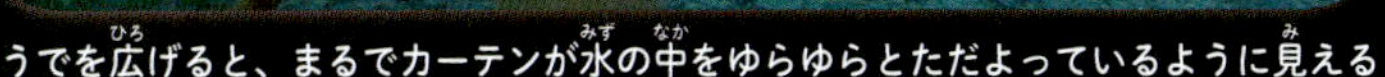

直径1.4mの大きなかさから、長さ6mにもなる4本のうでをなびかせて泳ぐ巨大なクラゲ。単体では深海の無脊椎動物※のなかで最大級。約100年前に発見されてから、世界中で100回ほどしか目撃されていない。

くらべてみよう!

深海には未確認生物がまだまだいっぱい!

2000年からの10年間で1200種以上もの新種が発見されたが、深海にはいまだに発見されていない生物がたくさんいると考えられている。最近では深海調査の技術が上がり、発見される生物数もふえてきている。

※背骨のない動物のこと

節足動物

まちぶせ
強い体

世界最大級の甲殻類

タカアシガニ

足を広げると3m以上と、人間の身長の倍ほどにもなる。子どものときは、こうらに海そうなどをつけて見つかりにくくしている。ふだんは深海にいるが、春になって産卵の時期をむかえると水深50 mくらいのところまで上がってくる。

闇にひそむ3メートルの巨体

もっと知ろう！

魔よけにもされる巨大なこうら

タカアシガニは、その多くが日本の駿河湾でとれ、古くは江戸時代からとられていたという。静岡県の戸田という地域では、昔から、その巨大なこうらにこわい顔をえがき、魔よけとして玄関につるしていた。

カニのなかでも古い種で「生きた化石」といわれている

こうらのはば約30cm

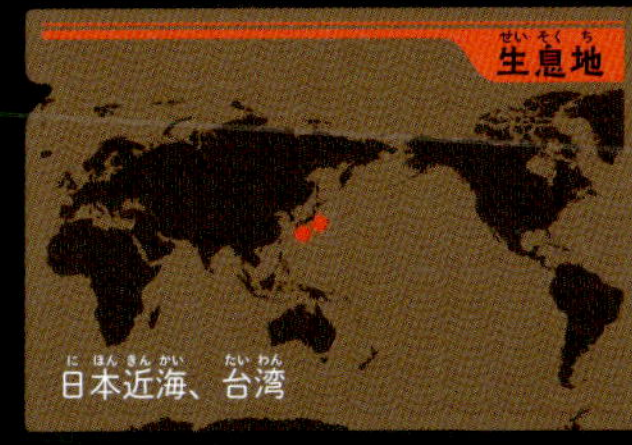

日本近海、台湾

▲生息深度 50m〜300m

人間とくらべると巨大さがよくわかる

まめちしき タカアシガニの脱皮は、6時間かかることもある

軟体動物

なぞに包まれた世界最大のイカ

ダイオウイカ

最大で全長20 m近くにもなる超巨大イカ。大きなものは、マッコウクジラと同じくらいになる。昔から世界中の伝説に登場しおそれられてきたが、めったに発見されなかった。天敵はマッコウクジラで、胃の中から見つかることもある。

海の魔物の正体見たり！

ターゲット発見！

500m
1000m
2000m
3000m
4000m
5000m
6000m
7000m
8000m
9000m～

▲生息深度 600m～1000m

まめちしき なぜこれほど巨大化したのかは、まだよくわかっていない

深海生物の成長

おとなになるのも、ひと苦労

深海で生きものが成長するのはむずかしい。まず、成長するためのえさが少ない。しかも水温が低いので、体力を使わないように呼吸や心臓をゆっくり動かす。そのため、成長の速度もおそい。

深海生物のなかには、生きのびる確率を上げるため、おもしろい方法で成長するものもいる。

子ども時代のすごしかたいろいろ

ばつぐんの注意力

自由に動かせる長い柄の先に眼がついていて、周りがよく見える。おとなになると柄はちぢんで眼は頭におさまる。

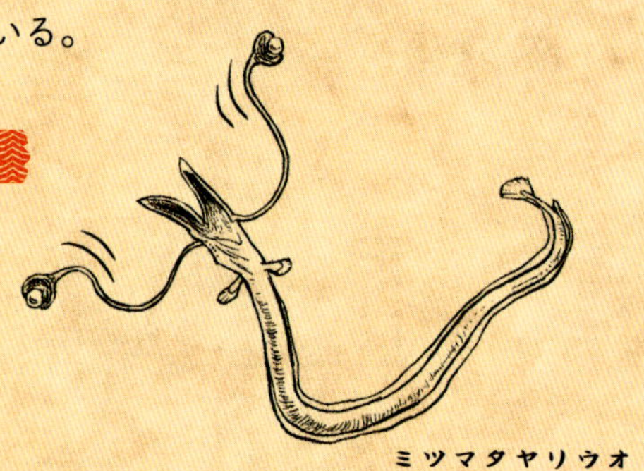

ミツマタヤリウオ

ちゃっかり吸血

栄養がたっぷり入った魚の血をすって成長する。おとなになると何も食べなくなる。

ウミクワガタ

体の色がかわる

子どものときは弱い光が届く深さでくらしているので、目立たないようにうすい色をしている。おとなになると、さらに深い海でくらすようになり、黒くなる。

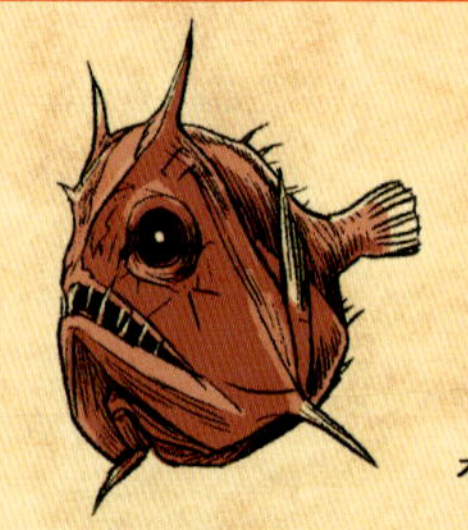

オニキンメ

深海の巨大生物

深海には、地上や浅い海の生物では考えられないほど、巨大になる生物もいる。

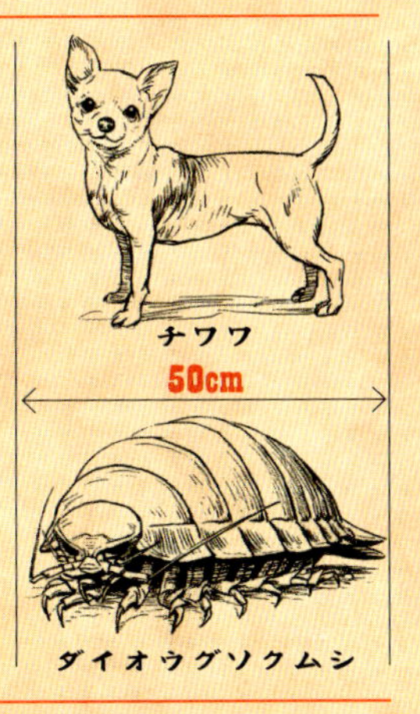

ひと目でわかる！ 大きさくらべ

ダイオウグソクムシは、ダンゴムシのなかまだが、小型犬くらいの大きさになる。

ダイオウイカは最大で18mにもなり、ビルと同じくらいの長さだ。

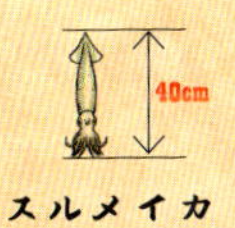

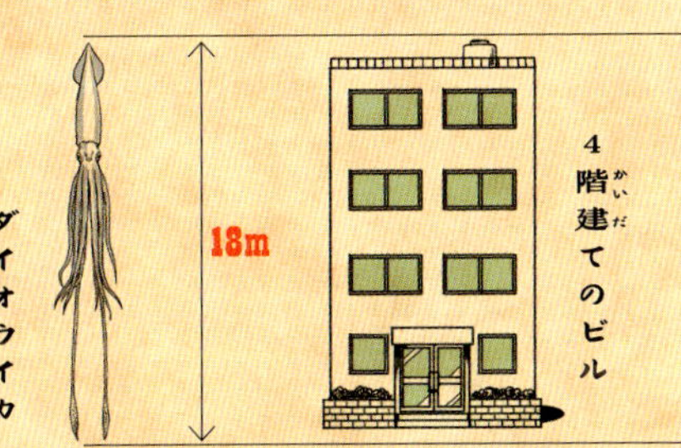

巨大化する理由

なぜ巨大化するのか、くわしい理由はまだわかっていない。

しかし、深海の水温の低さが関係しているのではないかという説がある。温度が低い場所では、生きるのに必要な呼吸などの活動がおさえられるので、生物の成長スピードはおそくなる。

生物は、おとなの体になるまで成長し続けるため、おとなになるまでの時間が長ければ長いほど、体が大きくなるのではないかと考えられているのだ。

博士のメモ⑤

深海生物に会いに行こう!

最近では、さまざまな水族館や科学館などで深海生物が飼育・展示され、気軽に見られるようになった。たとえば「新江ノ島水族館」(神奈川県)では、ダイオウグソクムシやゴエモンコシオリエビなどが飼育されているほか、「化学合成生態系水槽」では、熱水噴出孔の環境を再現している。

しかし、深海生物を地上の水槽で飼うのはとてもむずかしい。水圧や水温などが、深海と地上とでは、あまりにもちがうからだ。もっとも気をつかうのは、水温。海水温は、場所によってもちがうが、水深1000mだと4℃くらいになる。そのため常時水槽を冷やし続けなければならない。また、体内にうきぶくろのある魚は、地上にあげると、うきぶくろがふくらんで内蔵や眼が飛び出てしまうこともある。

私たちにとって深海が過酷な環境なのと同じように、多くの深海生物にとって地上は、とてもすみにくい場所なのだ。

File6 限界世界にすむ

この生きものを探せ！

決死！極限世界の生物を調査せよ

頭部には眼もあごもない

クジラの死がいにすむ

くさったクジラの死がいを食べて生きる、小さな生きものが発見された。さらに、水深6000ｍよりも深い「超深海」や熱水がふきだす海底の火山といった、超過酷な「極限世界」にくらす生きものがたくさんいることもわかった。

そんな環境のなかで、はたしてどうやってくらしているのだろうか……？

節足動物

共生

強い体

全身が白い雪男ガニ

イエティクラブ

海底から熱水がふき出す場所でくらすヤドカリのなかま。全身が白く、毛むくじゃらのうでをもつことから雪男を意味する「イエティ」の名前がつけられた。毛にはたくさんのバクテリア※がすんでいて、それを育てて食べている。

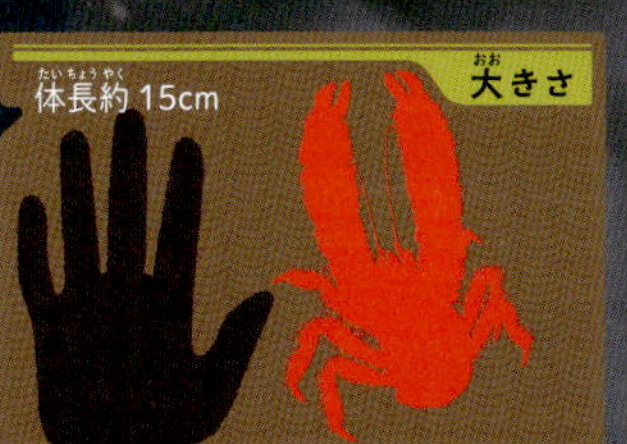

海底火山でダンスをおどる

500m
1000m
2000m
▲生息深度2200m～2400m
3000m
4000m
5000m
6000m
7000m
8000m
9000m～

※細菌のこと。目に見えないほど小さい

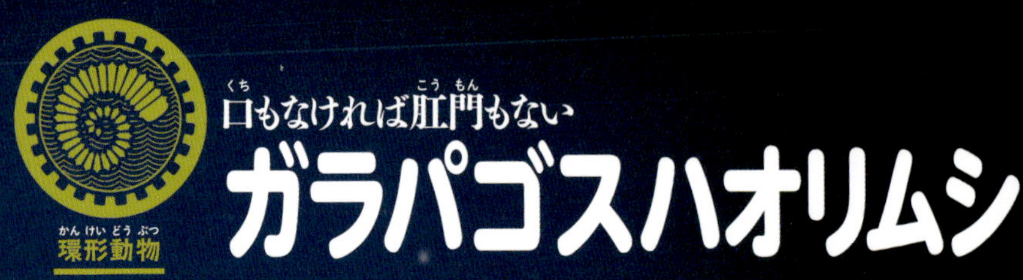

口(くち)もなければ肛門(こうもん)もない

ガラパゴスハオリムシ

環形動物(かんけいどうぶつ)

共生

赤く見えるのは酸素などをとりこむためのえら

チューブ（管）のようなふしぎな形は植物のようだが、れっきとした動物である。口や肛門はなく、何も食べずに生きている。白い管の中にある体にバクテリアをかっており、そのバクテリアから栄養をもらって生きているのだ。

長い管の中にある体の一部に、バクテリアがぎっしり入っている

大きさ

生息地

▲生息深度 2000m～2700m

500m
1000m
2000m
3000m
4000m
5000m
6000m
7000m
8000m
9000m～

もっと知ろう！

どうやってバクテリアをかっているの？

ガラパゴスハオリムシは、海底の熱水がふき出す場所にすむ。熱水には硫化水素という猛毒がふくまれており、これがバクテリアのエネルギー源となる。えらから硫化水素を体内に入れ、バクテリアにわたすのだ。

まめちしき 1977年のガラパゴスハオリムシの発見は、20世紀最大の発見のひとつといわれている

軟体動物

強い体

鉄のうろこでおおわれた貝

スケーリーフット

鋼の体で完全防御！

鉄のうろこは磁石にくっつく

からの表面も硫化鉄におおわれ、ツヤがある

「硫化鉄」という黒い鉄のうろこでおおわれた足をもつ。体内にいるバクテリアが、熱水に含まれる硫黄と鉄からうろこをつくり出すと考えられる。敵におそわれそうになると、足をちぢめてうろこで身を守る。まさに鉄壁の守りだ。

500m
1000m
2000m
3000m
4000m
5000m
6000m
7000m
8000m
9000m

▲生息深度 2420m～2430m

もっと知ろう!

白いスケーリーフットもいる

スケーリーフットには、黒以外に白色をしたものもいる。白いほうには鉄のうろこがない。体内にいるバクテリアやすんでいる環境のちがいなどが原因として考えられるが、くわしいことはなぞのままである。

まめちしき　鉄のうろこをもつ生物は、世界中でほかには発見されていない

節足動物

世界最深部にくらすヨコエビ

カイコウオオソコエビ

地上の1000倍の圧力にたえる！

まったく光のない世界にいるので、目は退化してなくなった

世界でもっとも深い場所とされるマリアナ海溝のチャレンジャー海淵（水深約10920 m）で確認された。体にかかる圧力は陸上の1000倍、水温は2°Cという過酷な場所でくらしている。ふだんは動物を食べるが、深海に落ちてきた流木なども食べることができる。

生息深度 6000m～11000m

500m
1000m
2000m
3000m
4000m
5000m
6000m
7000m
8000m
9000m～

もっと知ろう！

木が食料になる!?

カイコウオオソコエビは、木にふくまれる「セルロース」というかたい物質を体内で分解できる。これを利用すれば、木を食料として食べられるようになるかもしれないため、研究が進められている。

まめちしき 水深 10920 mの海底にえさ入りのかごを置いたところ、たくさん採集された

環形動物

地獄のような熱さにもたえられる

イトエラゴカイ

☆
レア

80℃でも、死なない！

熱水のふき出すえんとつ（チムニー）に巣をつくる

まるで羽かざりのように見えるえら。ここから酸素などをとりこんでいる

深海の熱水がふき出す場所に巣がある。巣のまわりにいるバクテリアや小さな生物を食べているのではないかと考えられる。この生物のなかまは熱に強く、巣のおくは80℃もある。一時的には105℃でも死なないものもいる。

のぞいてみよう！

なぜ、あつい お湯の中でも平気なの？

生物の体はタンパク質でできている。ふつうのタンパク質は熱に弱く、高熱でこわれて、やけどをしてしまう。ところが、エラゴカイのなかまのタンパク質は熱に強いとくしゅなつくりになっているのだ。

まめちしき 深海は圧力が高く高濃度の重金属がとけているので、水温が100℃でも沸騰しない

「燃える氷」にくらすエイリアン？

メタンアイスワーム

メタンの氷に
うじゃうじゃ

メタンハイドレートは、さわると冷たいが、火をつけると燃えるため、「燃える氷」とよばれる

メタンをエネルギーにするバクテリアを食べていると考えられる

写真提供／Charles Fisher

顕微鏡で拡大すると、おそろしい顔をしている

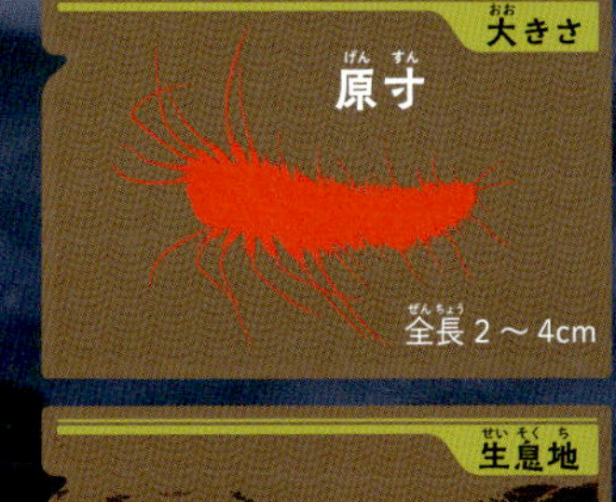

水とメタンでできた「メタンハイドレート」という、シャーベット状の場所に巣をつくってくらしている。メタンハイドレートは、冷たくて圧力の高いところにできる。メタンアイスワームは、そんな過酷な場所に生息することができる強い生物なのだ。

まめちしき メタンアイスワームは、1997 年に発見され 1998 年に報告された新種生物だ

超深海でサバイバル

シンカイクサウオ

魚類

暗黒世界の
白き住人

シンカイクサウオの一種。全身が白く、ぶよぶよしている

とても強い圧力がかかる超深海。かつては、そんなところに魚がいるとは考えられていなかったが、水深7800mという超深海でシンカイクサウオの一種が発見された。おどろくことに、水中を活発に動きまわり、ヨコエビのなかまを食べているすがたが目撃された。

もっと知ろう！

超深海にすむ魚たち

「超深海」とは、水深6000mよりも深い場所のこと。ものすごく水圧が高いため、ふつうの魚はすめないが、シンカイクサウオのほかにヨミノアシロやチヒロクサウオなど数種類が見つかっている。

まめちしき 近年、観測機器の発達により、超深海のはっきりした画像も得られるようになった

海底を歩く海のブタ

センジュナマコ

棘皮動物

皮ふはすべすべしている

もくもくとどろを食べ続ける……

口のまわりの触手でどろを口に入れる

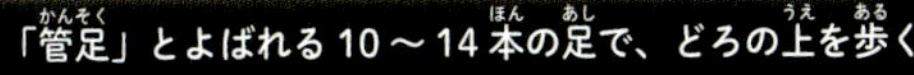
「管足」とよばれる10～14本の足で、どろの上を歩く

その見た目から、英語で「sea pig」（海のブタ）とよばれる。超深海の海底をゆっくりと歩きながらどろを食べ、体に栄養をとりこんでいる。ときには何匹ものむれで発見されることもある。

もっと知ろう！

なぜ「どろ」を食べるの？

深海にはセンジュナマコ以外にも、ヒトデやウニなど、どろを食べる生物がいる。海底のどろには、マリンスノーや死んで細かくなった魚の肉などがまじっており、これらの栄養を体にとりこんで生きているのだ。

まめちしき 深海には、泳ぐナマコであるユメナマコ（62ページ）などいろいろなナマコがいる

環形動物

死がいに広がるピンクのじゅうたん

ホネクイハナムシ

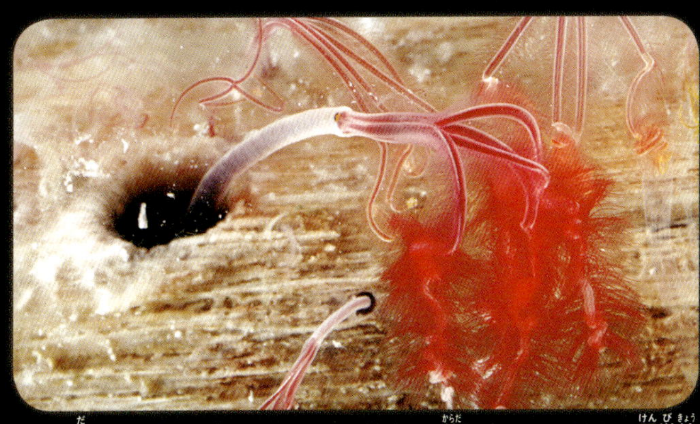
えらを出しているのはすべてメス。オスはメスの体にくっついていて、顕微鏡でないと見えないくらい小さい

生息深度200m～250m

死んで海底にしずんだクジラの骨に、じゅうたんのようにびっしりとくっついている。体を植物の根のように骨にめりこませ、そこから栄養を吸収していると考えられる。おとなになると動かないが、幼生のときは移動して新しい場所に行くこともある。

大きさ

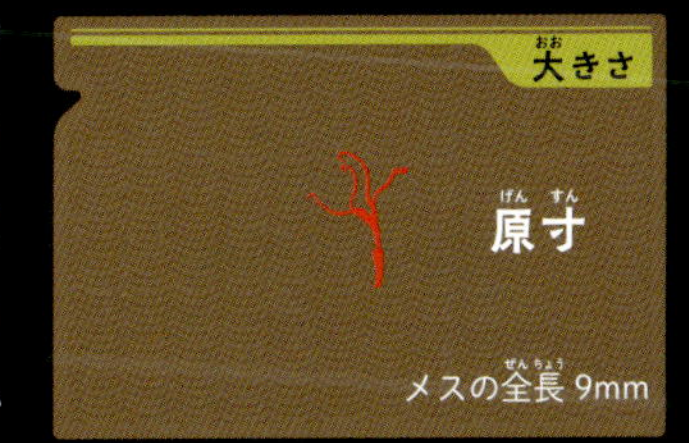

メスの全長 9mm

生息地

東シナ海など

のぞいてみよう！

骨の中はどうなっている？

骨の中にうまっている根の中には、バクテリアがすんでいる。このバクテリアが骨の栄養をホネクイハナムシにわたしているという説と、ホネクイハナムシが骨から直接栄養を吸収しているという説がある。

まめちしき　死んだクジラを海底にしずめて、その変化を観察する研究もおこなわれている

頭索動物

☆
レア

人間の「ご先祖様」

ゲイコツナメクジウオ

拡大してみると……

ターゲット発見!

太古から生きるなぞ生物!

眼もあごも脳も背骨もない。あごがないので口は開きっぱなしだ

くさったクジラの死がいのそばで小さなプランクトンなどを食べて生きている。すがたはまったく似ていないが、人間や魚や鳥などの脊椎動物の祖先と考えられる。2003年に鹿児島県近くの深海で発見され、くわしいことはまだなぞに包まれている。

▲生息深度 220m～260m

500m
1000m
2000m
3000m
4000m
5000m
6000m
7000m
8000m
9000m～

ひげで口にごみが入るのをふせぎ、水中の食べものをこしとって食べる

大きさ

原寸

体長 3cm 以下

生息地

まめちしき 「ゲイコツ」はクジラの骨のこと。ちなみに、くさったクジラの死がいは、ものすごくくさい

熱水噴出孔が育む深海生物

海底にわく温泉「熱水噴出孔」

1977年、アメリカの有人潜水調査船「アルビン号」に乗った研究者たちは、ガラパゴス諸島近くの深海で、海底から熱水がふき出す「熱水噴出孔」を発見した。周りには、たくさんの見たこともない生物が群がっていた。この発見は、深海には生物がほとんどいないだろうという、それまでの常識をくつがえす大発見だった。

熱水がふき出す仕組み

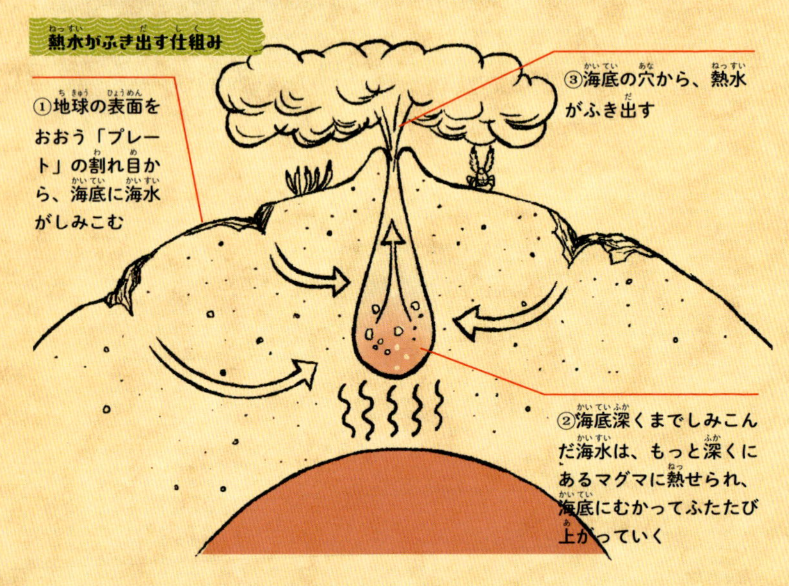

命を育むスゴいバクテリア

おどろいたことに、熱水噴出孔の周りの生物は、他の深海生物ともまったくちがう生き方をしていた。

熱水噴出孔からふき出す海水には、人間にとってはもう毒である硫化水素がふくまれている。ところが、ここにすむ特別なバクテリア（細菌）たちは、硫化水素が酸素と結びつくときのエネルギーを使って、栄養をつくれる。

熱水噴出孔の周りでくらす生物は、そのバクテリアを利用して栄養をもらうことができるので、食べものにこまることがない。だから、深海の他の場所では考えられないほど、たくさんの生物が集まっているのだ。

バクテリアの利用方法

① 食べる

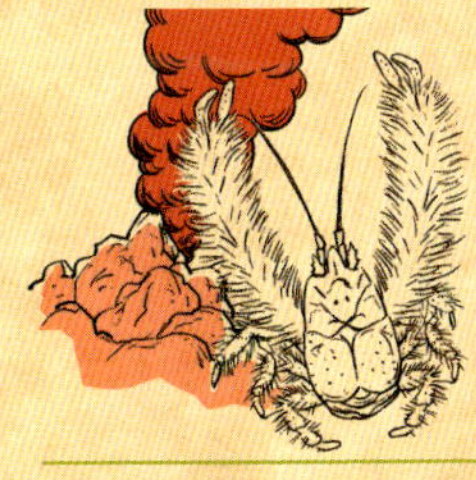

イエティクラブは、うでの毛の中でバクテリアを育てている。

うでをふって、毛のバクテリアに栄養を送り、育ったバクテリアを食べる。

② 栄養をもらう

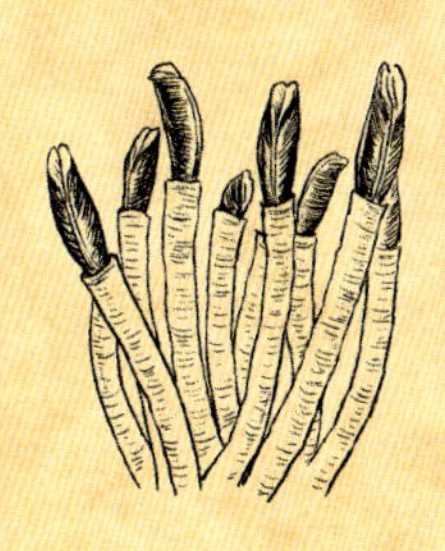

ガラパゴスハオリムシは、体の中にバクテリアをすまわせている。

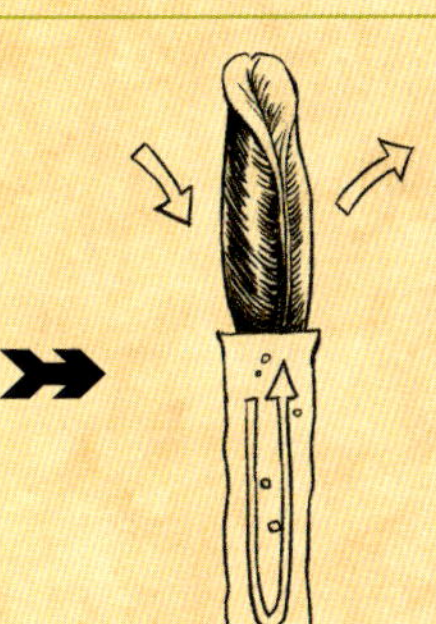

管のような体に硫化水素や酸素をとりこみ、バクテリアにあたえる。そして、そのバクテリアから栄養をもらって生きる。

博士のメモ⑥

クジラの死がいが育む生きもの

深海では、生きものの「死体」は、きちょうな栄養源だ。なかでもいちばんのごちそうが、クジラの死がい。大きなものは体長18m、体重45tにもなる。この死がいを囲んで、海の底に小さな生命の物語が生み出される。

クジラの死がいが海底に落ちてくると、まずは肉食動物が肉をむさぼり食う。肉がなくなると、骨を食べる生物が集まり、骨の栄養を吸収しはじめる。やがて骨がくさると、硫化水素などの有毒ガスが発生する。すると今度は、有毒ガスを利用して栄養をつくるバクテリアが集まり、さらにそのバクテリアを利用して生きる生物もわく。その時期も終わると、骨はただのかたい物体になり、生物が体をくっつけるための家（土台）として利用される。そして最後にはくだけ散り、完全に消滅するのだ。

こうしてクジラの死がいは、長い場合は100年以上にもわたって、さまざまな命を育むのである。

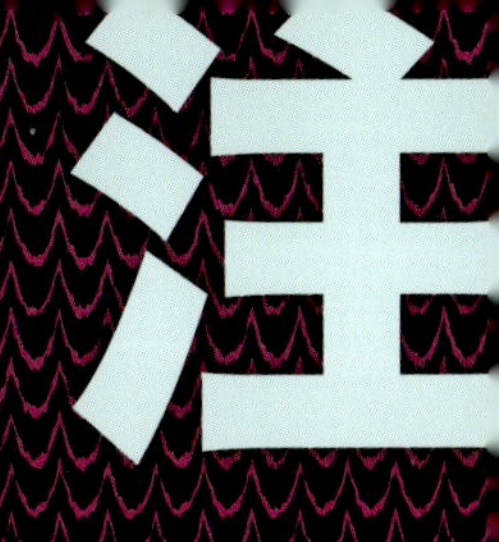

注意！

博士の奇妙すぎる深海生物コレクション

ここから先の写真は、
ちょっとシゲキ的だ。
ページをめくる勇気のある人
だけに見てほしい。
「きもちわるい！」と
目をそらすのも、「ふむふむ」と
目をこらすのも、君次第。
さあ、心してごらんあれ……。

クモヒトデ
盤径：約 1.3cm
撮影場所：岩手県大槌沖
撮影深度：541m

サメハダホシムシのなかま
全長：6cm
撮影場所：鹿児島県野間岬沖
撮影深度：245m

クモヒトデのなかま
盤径：約 2mm
撮影場所：相模湾
撮影深度：1156m

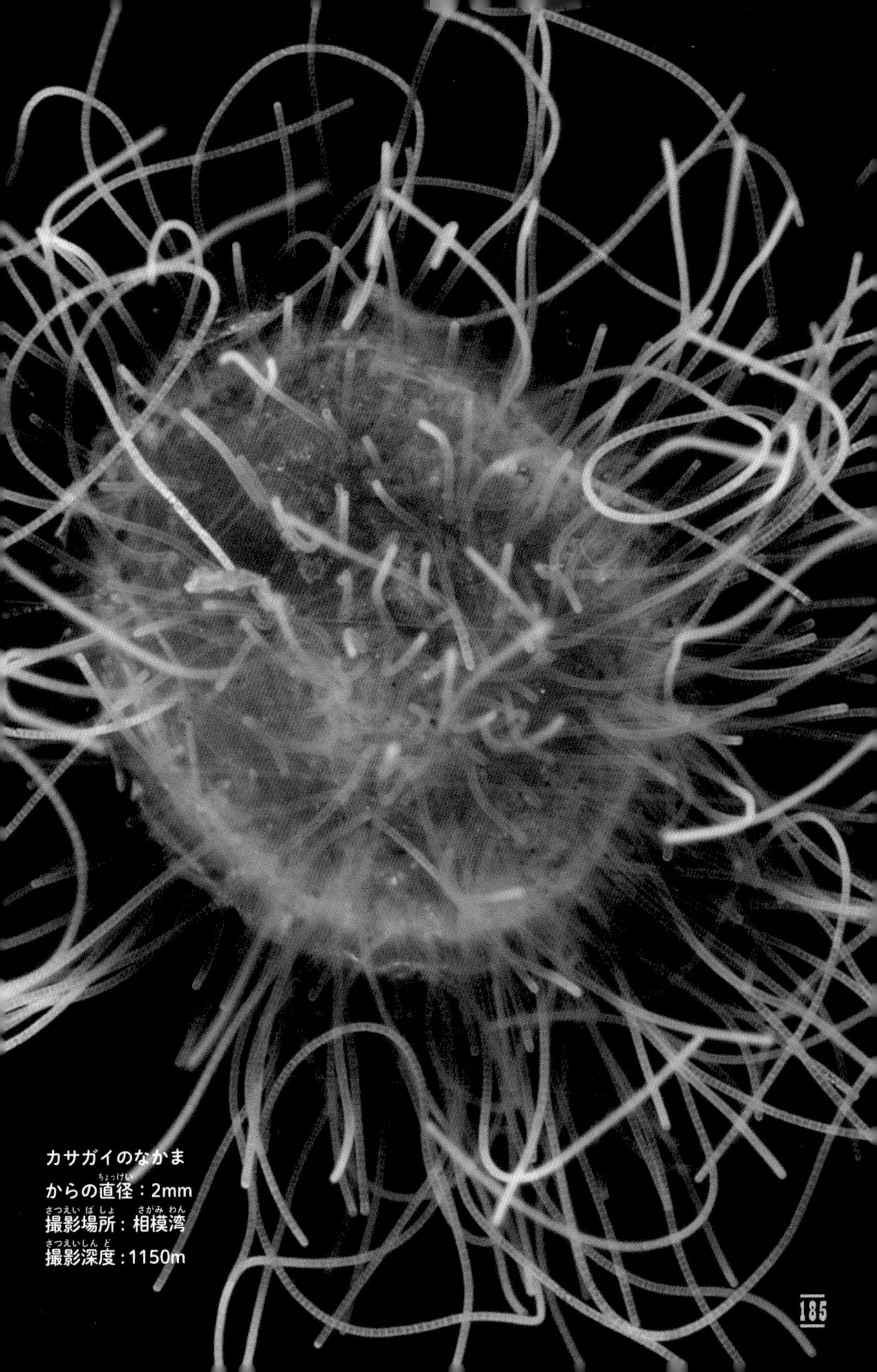

カサガイのなかま
からの直径：2mm
撮影場所：相模湾
撮影深度：1150m

サシバゴカイのなかま
全長：約 15cm
撮影場所：南西諸島海溝
撮影深度：276m

さくいん

この本に登場した深海生物を、近いなかまごとに五十音順で紹介する。

魚類

節足動物

軟体動物

環形動物

刺胞動物

深海生物博士からのメッセージ

火星探査機「キュリオシティ」が鮮明な映像を1億6千万 km 向こうから地球に届けられるこの時代。地球上で起こった出来事はインターネットでたちまち世界中の人々に届けられるこの時代。

わたしたちが暮らすこの星のことならだれもが何でも知っていそうな気がしませんか？　でもひとたび潜水調査船に乗って深海にくり出すと、そこはだれも知らない世界。誰もおとずれたことのない世界。

潜水調査船など使わない、昔ながらの方法で駿河湾を調査したときのことです。陸からわずか 10km、水深 2200m の海底で、私たちはだれも見たことのない巨大な怪魚を発見し、いま新種記載の準備を進めています。そう、日本は深海に囲まれた島国。一歩ふみ出せば、そこにはあなたしか知らない世界が広がります。さあ、いっしょに漆黒の海底探査に出かけませんか？

藤原義弘

参考文献

『潜水調査船が観た深海生物 第2版
深海生物研究の現在』東海大学出版会
『日本産魚類検索 第三版 全種の同定』
東海大学出版会
『海の動物百科』朝倉書店
『深海の生物学』東海大学出版会
『深海魚 暗黒街のモンスターたち』
ブックマン社
『深海魚ってどんな魚 驚きの形態から生態、
利用』ブックマン社
『深海のフシギな生きもの 水深11000
メートルまでの美しき魔物たち』幻冬舎
『深海のとっても変わった生きもの』
幻冬舎
『深海 鯨が誘うもうひとつの世界』
山と渓谷社
『追跡! なぞの深海生物』あかね書房

参考サイト

『JAMSTEC』https://www.jamstec.go.jp/j/
『ナショナルジオグラフィック 日本版』
https://natgeo.nikkeibp.co.jp/
『Fish Base』https://www.fishbase.org
『The Encyclopedia of Life』https://eol.org
『Monterey Bay Aquarium Research
Institute』https://www.mbari.org
『Live Science』
https://www.livescience.com
『Sci-News.com』
http://www.sci-news.com

写真提供(特別協力)

Yoshihiro Fujiwara/JAMSTEC
(p8~9,25,p33,p75,p77,p79,p96~106,
p115,p117,p127,p139,p167,p175,
p177,p182~187)

広瀬睦 /e-Photography (p31)
宇都宮英之 /e-Photography (p64)
中野誠志 /e-Photography (p129)

本文内に表記のないものすべて
amanaimages
アフロ
JAMSTEC

監修者

藤原義弘　ふじわら よしひろ

1969年岡山県生まれ。筑波大学大学院修士課程修了。博士(理学)。海洋研究開発機構 海洋生物多様性研究分野 分野長代理、東日本海洋生態系変動解析プロジェクトチーム 生態系変動解析ユニット ユニットリーダー。東京海洋大学客員教授。1993年、海洋科学技術センター(現 海洋研究開発機構)に入所。米国スクリプス海洋研究所留学等を経て、2014年から現職。2003年から海底に沈んだクジラの遺骸が育む生物群集の研究に取り組む。2014年から深海域のトップ・プレデター(頂点捕食者)に関する研究を開始した。海洋生物の撮影にも力を注ぎ、今まで撮影した深海生物は1000種を超える。著書に『深海のとっても変わった生きもの』(幻冬舎)、『追跡!なぞの深海生物』(あかね書房)、『深海鯨が誘うもうひとつの世界』(山と溪谷社)、共著に『潜水調査船が観た深海生物―深海生物研究の現在』(東海大学出版会)がある。

絵

寺西晃　てらにし あきら

1964年大阪府生まれ。大阪在住。書籍の装画・挿絵のほか、広告などのイラストレーションを手がける。おもな挿絵作に『へんないきもの』(バジリコ)、『カッコいいほとけ』(幻冬舎)、『うんこがへんないきもの』(KADOKAWA/アスキー・メディアワークス)などがある。
http://www.akirat.com

ふしぎな世界(せかい)を見(み)てみよう!

深海生物(しんかいせいぶつ)　大図鑑(だいずかん)

監修者　藤原義弘
絵　寺西　晃
発行者　高橋秀雄
発行所　**株式会社 高橋書店**
〒170-6014 東京都豊島区東池袋3-1-1 サンシャイン60 14階
電話　03-5957-7103

ISBN978-4-471-10360-6

本書の内容についてのご質問は「書名、質問事項(ページ、内容)、お客様のご連絡先」を明記のうえ、郵送、FAX、ホームページお問い合わせフォームから小社へお送りください。
回答にはお時間をいただく場合がございます。また、電話によるお問い合わせ、本書の内容を超えたご質問にはお答えできませんので、ご了承ください。
本書に関する正誤等の情報は、小社ホームページもご参照ください。

【内容についての問い合わせ先】
書　面　〒170-6014 東京都豊島区東池袋3-1-1 サンシャイン60 14階
高橋書店編集部
F A X　03-5957-7079
メール　小社ホームページお問い合わせフォームから　(https://www.takahashishoten.co.jp/)

【不良品についての問い合わせ先】
ページの順序間違い・抜けなど物理的欠陥がございましたら、電話03-5957-7076へお問い合わせください。ただし、古書店等で購入・入手された商品の交換には一切応じられません。